AWS

職場實戰

手冊　ＡＷＳではじめるインフラ
構築入門

企業架站
安全防護
費用監控

感謝您購買旗標書，
記得到旗標網站
www.flag.com.tw
更多的加值內容等著您…

<請下載 QR Code App 來掃描>

● FB 官方粉絲專頁：旗標知識講堂

● 旗標「線上購買」專區：您不用出門就可選購旗標書！

● 如您對本書內容有不明瞭或建議改進之處，請連上
旗標網站，點選首頁的 聯絡我們 專區。

若需線上即時詢問問題，可點選旗標官方粉絲專頁
留言詢問，小編客服隨時待命，盡速回覆。

若是寄信聯絡旗標客服 email，我們收到您的訊息
後，將由專業客服人員為您解答。

我們所提供的售後服務範圍僅限於書籍本身或內
容表達不清楚的地方，至於軟硬體的問題，請直接
連絡廠商。

學生團體	訂購專線：(02)2396-3257 轉 362
	傳真專線：(02)2321-2545
經銷商	服務專線：(02)2396-3257 轉 331
	將派專人拜訪
	傳真專線：(02)2321-2545

國家圖書館出版品預行編目資料

AWS 職場實戰手冊：企業架站、安全防護、費用監控 /
中垣 健志 著；王心薇 譯. -- 初版. -- 臺北市：
旗標科技股份有限公司, 2022.06   面； 公分

譯自：AWSではじめるインフラ構築入門：
　　　安全で堅牢な本番環境のつくり方

ISBN 978-986-312-717-8(平裝)

1. CST: 雲端運算

312.136   111006859

作　　者／中垣 健志
翻譯著作人／旗標科技股份有限公司
發 行 所／旗標科技股份有限公司
　　　　　台北市杭州南路一段15-1號19樓
電　　話／(02)2396-3257(代表號)
傳　　真／(02)2321-2545
劃撥帳號／1332727-9
帳　　戶／旗標科技股份有限公司
監　　督／陳彥發
執行企劃／張根誠
執行編輯／張根誠
美術編輯／林美麗
封面設計／古鴻杰
校　　對／張根誠

新台幣售價：620 元
西元 2024 年 2 月 初版 2 刷
行政院新聞局核准登記-局版台業字第 4512 號
ISBN 978-986-312-717-8
版權所有‧翻印必究

作者序

AWS 上面所提供的雲端服務超過 200 種, 對於新手來說, 實在很難一時判斷出哪種服務符合所需, 而雖然 AWS 為此提供了商務應用程式、機器學習及無伺服器運算等使用案例解決方案 (AWS Solutions Library), 並為每種使用案例都規劃了一套服務, 但各服務的操作畫面都很繁瑣, 專有名詞又一堆, 對新手來說實在不太友善。

本書從 AWS 的使用案例當中, 挑選出**商務 / 企業應用程式**這個案例來介紹一整套雲端設施的建置方式, 雖然比起無伺服器 (Serverless) 和行動服務 (Mobile service) 等使用案例, 它似乎不這麼新潮, 但是以網頁伺服器及資料庫伺服器的組合案例是最常見的, 筆者認為從這種經典案例開始熟悉各種 AWS 服務是最好的上手途徑。

本書的特色是**著重實務**, 這不是一本「我們來試著建立網頁伺服器和資料庫伺服器, 運作一些簡單服務看看吧!」的書, 而是針對職場上建立商務應用程式時必須的注意的眉眉角角, 提供一整套完整的建置步驟帶您演練一遍, 包括安全性、性能表現, 甚至是後續的監控…等都詳盡進行說明。正因如此, 當中的資訊量可能會大到各位都覺得要被淹沒了, 但請不要害怕, 所有流程都準備了大量的操作畫面可供對照。只要讀完本書, 相信您就能成為眾人眼中具備實務知識的 AWS 雲端設施工程師了。

請以本書做為起點, 一起投入浩瀚的 AWS 世界吧!

中垣 健志

關於本書

目標讀者

本書所設定的讀者為以下幾種：

● 想要學習在 AWS 上建置雲端設施。

● 想要學習將網路與伺服器全面雲端化。

● 具備網路基礎知識 (了解 IP 位址及連接埠等概念)。

● 會使用簡單的 Linux 指令 (ls、cp、ssh…等)。

本書介紹的 AWS 服務及學習規劃

本書將**聚焦於 Web 應用程式解決方案**, 帶讀者逐一建構出以網頁伺服器及資料庫伺服器為中心的 Web 應用程式, 底下是書中會觸及的 AWS 服務：

● **建置雲端設施**：Amazon VPC、Amazon EC2、ELB (Elastic Load Balancing)、Amazon RDS、Amazon S3、AWS Certificate Manager、Amazon Route 53、Amazon SES、Amazon ElastiCache、Amazon CloudFormation。

● **後續維運**：AWS IAM、Amazon CloudWatch、帳單儀表板。

> **★編註** 先提醒讀者, 雖然 AWS 有免費使用方案, 但**免費方案到期或應用程式的用量超過免費方案限制時,** 便需支付使用費, 詳見各章內文以及附錄 A 的說明。

　　在學習規劃上，若只是單純以學習為目的，則建立出一台網頁伺服器與一台資料庫伺服器，就足以讓簡單的 Web 應用程式「看起來」有在運作了，但想在職場上實際運作一個 Web 應用程式，就必須將性能表現、安全性、可維護性及成本…等通通考慮進去，本書會利用前 12 章將雲端設施建置妥當，然後在第 13 章將 Web 應用程式部署到 AWS，最後的第 14、15 章則是後續的維運管理。

下載範例程式

● 第 13 章所部署的網站範例程式已公開在作者的 GitHub 儲存庫上，具體下載方法詳見第 13 章。

● 部分章節會需要輸入一些較長的文字指令，讀者可以從底下的網址下載內含指令的文字檔來複製，以節省操作時間：

http://www.flag.com.tw/DL.asp?F2123

目錄

第 3 章　AWS 帳戶的安全準備工作

第 4 章　建立虛擬網路環境

第 5 章　建立堡壘伺服器 – 使用 EC2 服務

第 6 章 建立網頁伺服器 – 使用 EC2 服務

第 7 章 建立負載平衡器 – 使用 EC2 服務

第 8 章 建立資料庫伺服器 – 使用 RDS 服務

第 9 章 大容量檔案的儲存方案 – 使用 S3 服務

第 10 章 自訂網域並建立安全連線 – 使用 Route 53 服務

第 13 章　將範例網頁程式部署到 AWS

第 14 章　監控應用程式的運作情況

第 15 章 檢視 AWS 每月使用費

附錄 A 資源的刪除方法

附錄 B 以文字指令建置各種資源 – 使用 CloudFormation 服務

第 1 章

AWS 的基本介紹

AWS (Amazon Web Services) 是亞馬遜 (Amazon.com) 旗下子公司「亞馬遜網路服務」所提供的雲端平台, 可用於建置與執行各種 IT 機制, 應用範圍涵蓋企業架站、機器學習、區塊鏈、物聯網、擴增實境......等, 應有盡有。對於從未接觸 AWS 的新手來說, 面對琳瑯滿目的 AWS 服務, 本書會聚焦在建置網站、線上商店等各種型態的 Web 應用程式 (Web Application) 方面, 引領讀者完整體驗 AWS 的實務操作技巧。

想要建置 Web 應用程式, 通常都得自行架設伺服器, 想省事一點就向伺服器、虛擬主機的業者租用, 這些都可行, 但仍得耗費不少心力與成本。本書使用 AWS 服務來建置 Web 應用程式, 您會驚訝原來一切這麼輕鬆, 先跟著本章簡單認識 AWS 在這方面的基礎知識吧!

1.1 AWS 概述

在 AWS 平台上, 習慣將建置好用來執行各種雲端服務的環境稱為 **Cloud Infrastructure**, AWS 中文網站上稱為**雲端基端設施**或**雲端設施** (https://aws.amazon.com/tw/about-aws/global-infrastructure/), 而 AWS 所提供的, 就是可用於建置各種雲端設施的服務功能。

當開發人員針對企業需求開發出專屬的應用程式後, 想要對外發佈時, 就可以利用 AWS 服務建置雲端設施, 再將應用程式部署 (deploy) 上去, 部署完成後, 一般用戶就可以透過電腦、手機上的瀏覽器來存取, 整個示意圖如下所示:

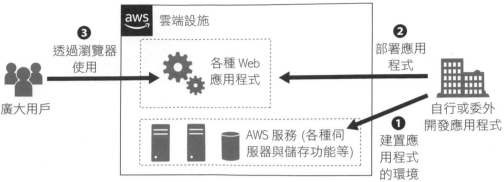

▲ AWS 的使用概念

從用戶的角度來看，他們不會知道該 Web 服務是開發者自建伺服器，或利用 AWS 建置而成，如果是自建伺服器的話最怕就是突如其來的故障導致服務中斷，但 AWS 最大的優勢就是可以讓用戶得到穩定的服務，也因此讓全球各企業紛紛投入它的懷抱。

NOTE

使用 AWS 服務的知名企業

使用 AWS 的知名公司之一就是 Netflix 線上影音串流網站 (https://www.netflix.com/tw/)，讀者還可以連到 AWS 網站看哪些公司也在用 AWS：

▼ AWS 客戶成功案例
URL https://aws.amazon.com/tw/solutions/case-studies

1.2 從開發端看雲端服務

前一節提到雲端設施 (Cloud Infrastructure) 一詞，如果您對雲端 (cloud) 的概念還一知半解，可以跟著本節熟悉一下。

從開發端的角度來看，常見的雲、雲端、雲端運算、雲端服務......等詞，都泛指改用網路形式來提供原先以實體方式所建置的 IT 資源 (伺服器、儲存裝置)，我們就來比較雲端出現之前、以及之後，企業在籌備 IT 資源的做法有什麼不同。

1.2.1 籌備 IT 資源的做法

◉ 自行架設硬體 (on-premises)

最傳統的做法就是公司內部自行佈建、管理一切硬體資源，這有個術語叫 on-premises，公司必須自行購買所有必要的 IT 資源，從佈建到運作通通自行搞定。這種做法初期的成本不少，而事後的維運也都需要人員來處理，這些都是費用。

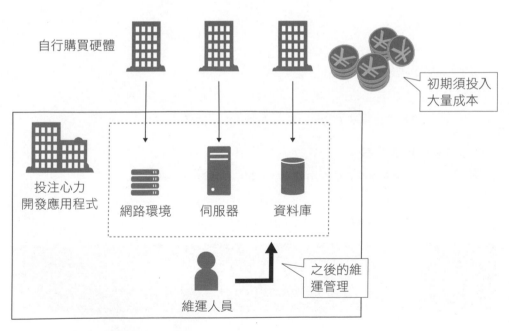

▲ on-premises 的建置方式

租用虛擬主機

前面可以看到, 除了開發應用程式要投注心力外, 連硬體都自己來的話, 光想就覺得累, 因此後來就出現了「租用」的模式, 例如市面上有許多租用虛擬主機的服務。這種做法是企業就不自行架設硬體了, 硬體都由業者提供, 企業只要付租用費, 算是一種硬體委外代管的做法。

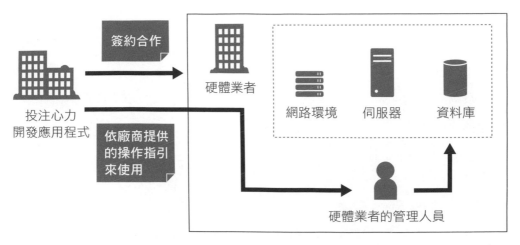

▲ 租用

這種做法雖然可以把自建硬體的費用省去, 但租用也需要一定的成本, 此外缺點就是彈性比較低,「現在就要」這樣的需求大概很難實現。此外, 若硬體問題造成用戶連線出問題, 還得仰賴業界儘快搶修, 無法操之在己。

選用雲端服務

接下來就要換雲端服務登場了！一樣是帶點委外的概念, 不過前面提到的虛擬主機租用服務就沒雲端服務這麼彈性, 像 AWS 可以讓用戶以 1 小時, 甚至是 1 分鐘為單位來使用 IT 資源, 用多少算多少。大部分的雲端業者都會提供瀏覽器就可以操作的管理畫面, 企業人員只要透過管理畫面操作, 就能直接建置所需要的 IT 資源。

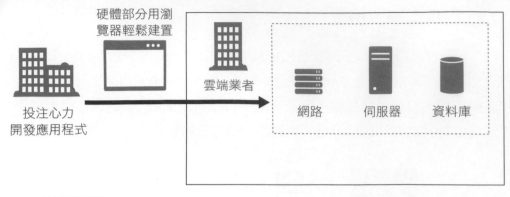

硬體部分用瀏覽器輕鬆建置

投注心力
開發應用程式

雲端業者

網路　　　伺服器　　　資料庫

▲ 雲端運算服務

　　不過一樣的, 當用戶連線故障時, 您很難自行解決問題, 只能靜待雲端廠商來處理。

 NOTE

低故障率的 AWS 服務

像 AWS 這種享譽全球的雲端服務不是都不會出問題, 依作者觀察大概每幾年有可能出現 1 次重大故障, 雖然很少遇到, 但基本上如果真發生, 用戶大概也只能待其修復。再怎麼說, 委外的彈性絕對還是沒有自行架設、維護來得大。

　　最後, 再提幾個企業利用雲端建構系統的優點:

- **加入規模經濟來省成本**:雲端業者的做法是吸引大批的使用者, 如此一來就能大量採購設備, 降低每位使用者的使用成本。

- **不用預留可能增加的 IT 資源**:如果企業是自行架設硬體, 事後要追加可能不是再買一部電腦這麼單純, 整個規劃搞不好要重弄, 最好一開始就為未來的成長空間以留下餘裕, 但這畢竟不太好預估, 而且若成長不如預期, 就會出現浪費。而採用雲端模式時, 要增減設備數量是很彈性的, 設定一下就好, 用戶可以在初期先選用較少的 IT 資源, 待之後業務成長了再追加, 完全不怕浪費。

- **更有利於開發新技術**：由於雲端服務可以按小時租借設備, 因此倘若驗證新技術而需要較高等級的設備, 也可以只租用一小段時間, 開發上完全不用擔心硬體跟不上, 可以安心因應瞬息萬變的 IT 技術。

- **可進行全球性的發展**：像 AWS 這樣的雲端業者早已將服務拓展至全球各地, 相當於它可以協助企業拓展到全球各個據點, 對想要提供全球性服務的公司來說, 這是非常好的選擇。

1.2.2 IaaS、PaaS、SaaS 三種雲端服務型態

在眾多雲端運算服務中, 根據服務所提供的內容廣泛程度, 可以細分成幾種型態, 具代表性的有 IaaS、PaaS、SaaS 3 種。

IaaS

IaaS (Infrastructure as a Service, **基礎設施即服務**) 表示提供伺服器、網路等設施, 其他像是作業系統 (Linux 及 Windows 等) 與中介軟體 (Ruby on Rails 及 MySQL 等框架工具) 的安裝、網路的設定等, 開發者必須自行處理。

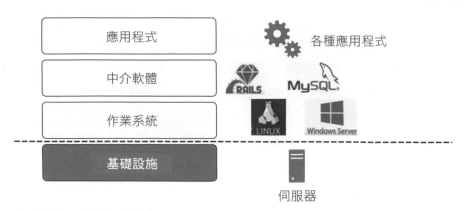

▲ IaaS (僅提供基礎設施)

PaaS

PaaS (Platform as a Service, **平台即服務**) 則是除了基礎設施外, 連應用程式所需要的平台 (作業系統、中介軟體等…) 都幫開發者準備好, 開發者只要負責設計好應用程式, 並將其部署到平台上, 就可以在平台上運作。由於平台是由雲端業者負責管理, 因此像修補伺服器或備份資料庫等, 都可以交由雲端業者所提供的功能來處理。

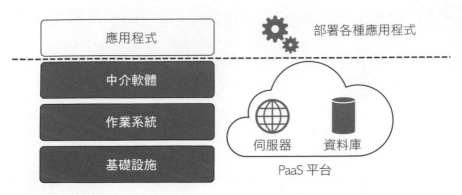

▲ PaaS (提供基礎設施 / 作業系統 / 中介軟體 .. 等服務)

SaaS

SaaS (Software as a Service, **軟體即服務**) 這類的雲端業者是連專屬的應用程式都設計好了, 用戶直接就可以使用, 像是 Google 的 Gmail 服務就屬於這種類型, 使用者只要支付費用即可 (一定用量都是免費的)。由於 Saas 連應用程式都做好了, 因此服務的對象比較偏廣大的一般消費者, 而非應用程式的開發者。

▲ SaaS (一切都提供)

NOTE

XaaS

隨著雲端越來越普遍, 還出現了 XaaS (X as a Service) 一詞, 白話來說就是一切 (X) 都可以是服務, 當中比較常聽到的有 BaaS (Backend as a Service)、FaaS (Function as a Service)、DaaS (Desktop as a Service) …等。

乍看之下名詞多的不得了, 但說穿了這些都是後人所賦予的學術名詞, 讀者倒不需要特別去記, 在選擇雲端服務時, 只要大致了解它們所提供的是什麼樣的服務, 哪些是您想直接用不想耗時建置的, 從自身的需求來考量即可。

1.2.3　AWS 所提供的雲端服務型態

　　AWS 在最初發佈時是偏 IaaS (以小時為單位出租伺服器) 的服務, 但之後不斷擴展服務項目, 例如推出讓雲端使用者完全不用意識到伺服器的「無伺服器 (serverless)」機制, 或者在 AI、機器學習領域推出了連程式都不需要, 可以直接使用各種 AI 功能的服務, 不管是純使用者或開發者都受惠, 因此現在的 AWS 早已跳脫 IaaS 的範疇, 發展成可以提供各種服務的超強型態了。

1.3 AWS 提供的各種解決方案 (AWS Solutions Library)

現存的許多 IT 系統都可以利用各種 AWS 服務來建構, AWS 將這些做法統稱為 **AWS 解決方案** (AWS Solutions Library), 本節就來介紹幾個被廣泛使用的解決方案。

1.3.1 建構企業應用程式

企業應用程式 (Enterprise Applications) 就是由伺服器、資料庫與網路設備所建置而成的系統, 例如公司的銷售系統、線上購物、即時串流等各類型網站系統。以往您若是自行架設或租用虛擬主機來運作, 就可以考慮搬到 AWS 上。**本書所聚焦的也是這個方案**, 我們的終極目標是逐一建置好雲端設施後, 然後部署一個類似 Facebook、Twitter 的社群網站。

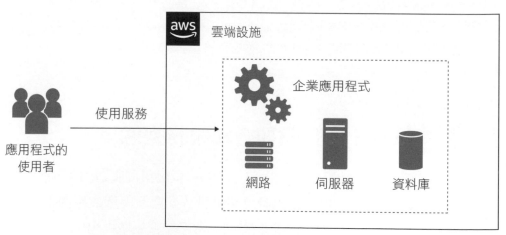

▲ AWS 的企業應用程式解決方案

1.3.2 建構無伺服器 (Serverless) 的應用程式

無伺服器 (Serverless) 是 AWS 提供的整合技術, 顧名思義就是開發人員在開發上不用擔心伺服器的問題, AWS 會自動維持伺服器的穩定運行, 也可以自動提高性能以應付突發性的高負載, 開發人員只需依照實際用量付費使用即可, 有興趣可以參考 https://aws.amazon.com/tw/serverless 網站, 本書不會觸及這部分。

這類系統可以用來建構短時間內出現大量使用者的服務, 例如當紅藝人的演唱會售票網站, 或是只在選戰期間使用的宣傳網站。

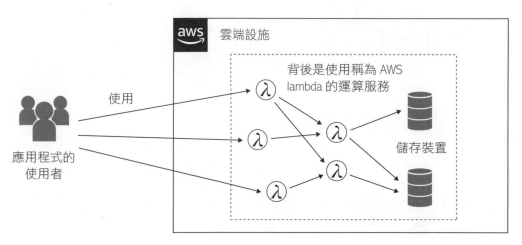

▲ AWS 的無伺服器解決方案

1.3.3 AI、機器學習

AI、機器學習是當紅的 IT 技術, 主要是利用高性能的伺服器來分析大量資料, 建立出能夠解決特定問題的模型。例如若想建立能夠辨識人臉的 AI 模型, 只要用機器學習的方法將大量人臉圖片餵給電腦分析, 找出關聯性後, 日後模型便能回答照片中的人物名稱。模型一旦建立完成, 也能在雲端外的環境中使用。

建構 AI 模型通常需要使用高性能的電腦來建模，就非常適合使用 AWS 雲端服務，更多細節可以參考 https://aws.amazon.com/tw/machine-learning，本書礙於篇幅不會觸及這部分。

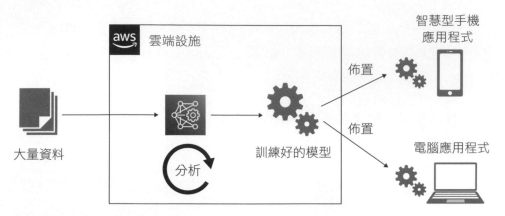

▲ AWS 的 AI、機器學習解決方案

1.3.4 其他解決方案

除了上述所提到外，AWS 還提供以下幾種解決方案：

● **IoT**：利用感測器等小型設備開發物聯網系統 (https://aws.amazon.com/tw/iot/)。

● **雲端儲存**：提供照片與影片等雲端儲存空間 (https://aws.amazon.com/tw/products/storage/)。

● **遊戲開發**：從遊戲開發到執行的全方位支援 (https://aws.amazon.com/tw/gametech/)。

● **分析和資料湖倉儲 (Data Lake House)**：專為安全及高效率而打造，提供廣泛的分析選擇，可滿足各種資料分析需求 (https://aws.amazon.com/tw/big-data/datalakes-and-analytics)。

詳細的 AWS 解決方案可以參考
https://aws.amazon.com/tw/solutions/ 網站。

1.3.5　本書的架構

如前所述, 本書會聚焦在利用各種 AWS 服務來建立 Web 應用程式, 下表是各章將觸及的服務功能, 其實不光是建立 Web 應用程式, 很多 AWS 解決方案也都會用到這些服務, 後續會帶您一一熟悉：

▼ 本書解說的 AWS 服務

類型	AWS 服務名稱	說明	位置
雲端運算	EC2	運作 Windows 與 Linux 的伺服器	第 5 章、第 6 章
雲端儲存	S3	以低成本及高安全性儲存大量資料	第 9 章
資料庫	RDS	運作 MySQL 與 Oracle 等資料庫的伺服器	第 8 章
	ElastiCache	運作 Redis 與 Memcache 等快取服務的伺服器	第 12 章
管理和管控	CloudWatch	監控以 AWS 建構而成的服務	第 14 章
雲端安全、身分管理	Identity and Access Management (IAM)	管理 AWS 的使用者與權限	第 3 章
	Certificate Manager	管理 SSL 伺服器憑證	第 10 章
網路和內容交付	Elastic Load Balancing	可以高效率分配大量使用者 request 的機制	第 7 章
	Route 53	網域名稱解析的機制	第 10 章
	VPC	建置虛擬網路架構	第 4 章
客戶參與	Simple Email Service	傳送與接收電子郵件	第 11 章
帳單和成本管理	Billing and Cost Management	管理每個月的運作成本	第 15 章
	Pricing Calculator	預估建構 AWS 的成本	第 15 章

從上表可以看到, 本書從第 2～12 章將介紹各種 AWS 服務, 這些服務全部建構起來會形成下圖的雲端架構, 使用 AWS 很重要的一點就是如何事先規劃好您所需要的架構：

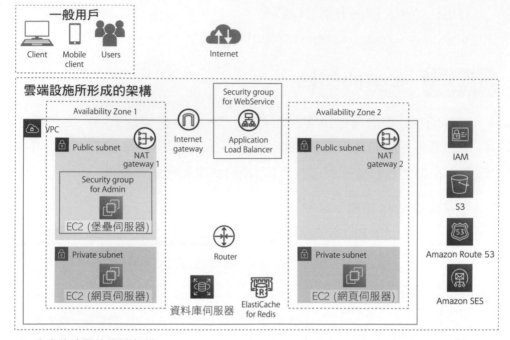

▲ 本書將建置的雲端架構

　　這張架構圖現階段不理解很正常, 讀者可以將此架構圖視為**學習地圖**, 後續各章一開始會提示該章要建構的是哪個部份。而學會架構的建置後, 第 13 章會介紹如何在此架構上部署及執行應用程式 (本書的範例是一個社群網站)。第 14 章與第 15 章則會說明雲端架構的維護與費用處理。以上就是本書的學習脈絡, 我們就出發開始學習吧！

 NOTE

AWS 的服務與資源

在使用 AWS 時, 您會經常看到 AWS 所定義的一些名詞, 例如 AWS 服務 (AWS Service) 指的是 AWS 提供的各種功能, 像是上頁圖看到的 EC2、S3......等功能。

另外往後在 AWS 網站上也可能看到 AWS 資源 (Resources) 這樣的名稱, 依 AWS 所定義是指用各服務建立而成的實體 (Instance)。一旦資源被建立好, 就可以利用第 2 章 AWS 帳戶來進行管控。這些名詞剛接觸可能會覺得有點花, 但學習本書您就算沒釐清這些也不太會礙事, 簡單一點把它們認定為我們用各種服務所建置出來的各種功能即可。

第 **2** 章

建立 AWS 帳戶

想要使用 AWS 的服務, 第一步要申請一個 AWS 帳戶, 這一章就帶您逐步申請吧!

2.1 認識 AWS 帳戶

AWS 的所有資源都是用一個 AWS 帳戶來管理, 申請前請先了解以下概念:

● 不同的 AWS 帳戶之間無法共享 AWS 的資源, 例如 A 帳戶無法管理由 B 帳戶所建立的伺服器。

● AWS 的使用費是掛在 AWS 帳戶底下來計算。

● AWS 的帳戶類型可區分為開發人員 (含免費試用)、商業、企業......等, 各類型帳戶的差異有遇故障時的回應時間、附加的培訓方案......等, 細節可以參考 https://aws.amazon.com/tw/premiumsupport/plans/, 本書主要是使用「**開發人員 (含免費試用)**」的帳戶類型。

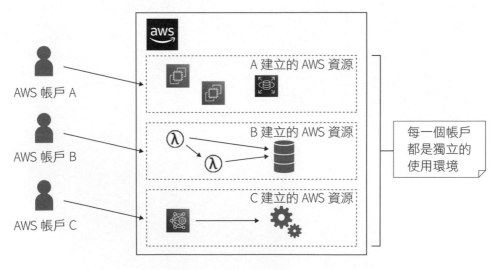

▲ AWS 帳戶

⬡ 建立 AWS 帳戶所需要的資料

申請 AWS 帳戶要準備的資料有以下 3 個：

❶ Email

❷ 手機號碼

❸ 信用卡

　　手機號碼只會在建立 AWS 帳戶的過程中使用到 1 次, 主要用在簡訊驗證；而信用卡資訊方面, 就算您只使用免費服務也必須填寫 (編註：會有刷卡記錄但不會實際扣款)。

hogehoge@email.com
❶ Email

0920-xxx-xxx
❷ 手機號碼

4986-xxxx-xxxx-xxxx
❸ 信用卡

▲ 申請 AWS 帳戶要準備的資料

2.2 　申請 AWS 帳戶

　　申請 AWS 帳戶只需要不到 5 分鐘的時間, 立刻來申請一個吧！您可以點選首頁 (https://aws.amazon.com/tw/) 的「**建立 AWS 帳戶**」鈕開啟註冊畫面：

▲ 首頁畫面

(●) 1. 建立 AWS 帳戶

接著就會來到註冊網址：

URL https://portal.aws.amazon.com/billing/signup#/start

首先輸入用來建立 AWS 帳戶的 Email 地址、登入密碼以及 AWS 的帳戶名稱。為方便辨識, 會提示您使用不易重複的字串、英文字母、數字及符號來設定 AWS 帳戶名稱。輸入完畢之後, 點擊「**繼續**」。

▲ 建立 AWS 帳戶

2. 輸入聯絡資訊

　　接著是輸入聯絡資訊，大部分欄位像是全名、地址等都限定要填英文。最上面的單選鈕基本上如果是企業要使用的帳戶就選「**企業**」，個人要使用就選「**個人**」，實際上帳戶類型只有在註冊的輸入項目有所不同，本書後續操作上兩者不會有差別，在此我們選「**個人**」。表單填寫完畢之後，點擊「**繼續**」。

▲ 輸入聯絡資訊

3. 輸入信用卡資訊

接下來要填寫信用卡資料,輸入完畢之後,點擊「**驗證並繼續**」。

▲ 輸入帳單資訊

(●) 4. 確認身分

接著進行手機簡訊驗證，請輸入畫面中要求的資訊後，點擊「**傳送簡訊**」，手機便可收到一組 4 位數的驗證碼。請將收到的驗證碼填入畫面中。

> **★ 編註** 萬一您也跟小編一樣遲遲收不到簡訊驗證碼，請見下一頁的說明。

▲ 驗證身分

★ 小編補充 遲遲沒收到手機驗證碼？與 AWS 客服對話實錄

如果您不幸跟小編一樣, 在上一頁的畫面中, 輸入完手機號碼, 卻一直沒收到簡訊, 反覆輸入幾次都一樣, 最後甚至不讓您重試了, 而是要您聯絡 AWS 客服：

「Sorry, there was an error processing your request. Please try again and if the error persists, contact AWS Customer Support . Confirm your identity」

可以參考底下的說明來通過驗證, 否則一開始申請帳號就卡關, 心情可是很不美麗的！

1 點擊首頁 ⑦ 圖示底下的**支援中心**項目

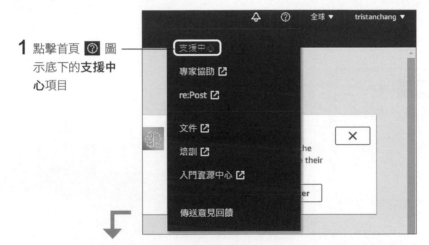

2 接著會開啟 AWS Support Center, 請點擊這裡立案

接下頁

AWS Support > Your support cases > Create case

Create case Info

Account and billing support ⦿
Assistance with account and billing-related inquiries

Service limit increase ○
Requests to increase the service limit of your AWS resources

Technical support ○
Service-related technical issues and third-party applications
Unavailable under the Basic Support Plan

Case details

3 點擊這裡提出與帳戶 (Account) 相關的問題

Type
Account ▼

Category
Activation ▼

4 選擇這兩個項目

---

aws ⦀ Services Q Search for services, features, blogs, docs, and more [Alt+S] ⌂ ⑦ Global ▾ tristanchang ▾

Support Center ✕

Account number: 354278565342
Support plan: Basic Change ☒
View support plans ☒

Your support cases
Compute Optimizer ☒
Personal Health Dashboard ☒
Trusted Advisor ☒
▾ **AWS Knowledge resources**
Knowledge Center ☒
Knowledge Center videos ☒
AWS Documentation ☒
Developer Forums ☒
Training and Certification ☒

Opened by
tristanchang@gmail.com

Correspondence

Reply
Do not share any sensitive information in case correspondences, such as credentials, credit cards, signed URLs, or personally identifiable information. Find more information **here** ☒.

acvitation Problem~

5 用英文描述一下問題

Maximum 6000 characters (5981 remaining)
Attachments
⊞ Choose files
Up to 3 attachments, each less than 5MB.

Contact methods Info

Web ○
Via email and Support Center

Chat ⦿
Chat online with a representative

Phone ○
We call you back at your number

Cancel **Submit**

6 小編是選擇此項, 與 AWS 客服線上用英文傳訊 (Chat) 對談   **7** 點擊這裡送出資料

接下頁

之後會開啟跟 AWS 客服的聊天室, 在此溝通啟用帳戶的問題, 會告知可用人工方式啟動:

過程中留下通訊的手機號碼　　　　　　　需透過人工方式啟動 (電話連繫)

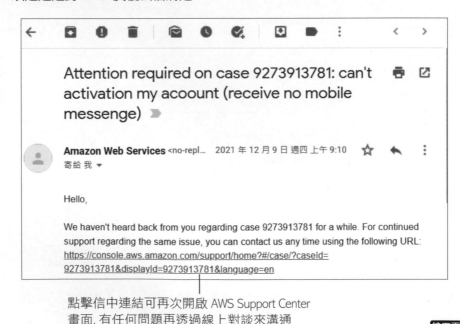

```
07:17:46 AM tristanchang: hi
07:17:49 AM tristanchang: I have trouble with the automated phone verification process
07:17:56 AM tristanchang: +886
09209
07:18:07 AM Arathy Varma: Hello, my name is Arathy.  I'm here to help you today.
07:18:18 AM tristanchang: would you please help me fit it.
07:18:48 AM Arathy Varma: I understand you are facing issues with phone number verification. Please allow me 2 minutes
to check this for you
07:19:09 AM tristanchang: thanks.
07:19:41 AM Arathy Varma: In this case, I will reach you over call to proceed with manual verification.
07:20:04 AM Arathy Varma: Please allow me 2 minutes to reach you over call.
07:20:14 AM tristanchang: but i don't speak english lol
07:20:27 AM tristanchang: just poor writing skill  lol
07:20:49 AM Arathy Varma: No problem, could you help me with the language you prefer for me to arrange a call back?
07:21:02 AM tristanchang: chinese~
07:21:18 AM tristanchang: I live in Taiwan
07:23:11 AM Arathy Varma: Okay thank you for the details. Could you also help me with the preferred time along with time
zone?
```

若需要可告知希望以中文客服進行電話對談

結束聊天室對談後, Email 信箱會收到對話紀錄, 若問題一直沒有解決, 日後可以透過這封 Email 反覆去信溝通:

Attention required on case 9273913781: can't activation my acoount (receive no mobile messenge)

Amazon Web Services <no-repl...　2021 年 12 月 9 日 週四 上午 9:10
寄給 我 ▾

Hello,

We haven't heard back from you regarding case 9273913781 for a while. For continued support regarding the same issue, you can contact us any time using the following URL: https://console.aws.amazon.com/support/home?#/case/?caseId=9273913781&displayId=9273913781&language=en

點擊信中連結可再次開啟 AWS Support Center
畫面, 有任何問題再透過線上對談來溝通

接下頁

小編的經驗是沒多久就收到來電, 電話過程會詢問一些註冊時留下的個人資訊, 都通過後就完成人工啟動了, 沒多久也會收到確認信:

收到註冊通過的信件

5. 選擇支援方案

　　通過手機驗證後, 最後是選擇 AWS 的支援方案 (若您是以人工驗證通過, 重新登入或刷新畫面會來到此畫面)。本書是以學習為目的, 選免費的基本方案就足夠了, 您日後若有其他需求, 請自行閱讀說明, 選擇最適合的方案, 支援方案都可以在使用期間變更。

選取支援方案

為您的企業或個人帳戶選擇支援方案。比較方案及定價範例 🗗。您可以隨時在 AWS 管理主控台變更自己的方案。

● 基本支援 - 免費	○ 開發人員支援 – 29 USD/月起	○ 企業支援 – 100 USD/月起
• 建議剛開始使用 AWS 的新使用者使用 • 全年無休，自助式存取 AWS 資源 • 僅用於帳戶和帳單問題 • 存取 Personal Health Dashboard 和 Trusted Advisor	• 建議測試 AWS 效率的開發人員使用 • 營業時間內，可經由電子郵件聯絡 AWS Support • 12 (營業) 小時回應時間	• 建議在 AWS 上執行的生產工作負載使用 • 透過電子郵件、電話和線上聊天，聯絡全年無休的技術支援 • 1 小時回應 • 整套 Trusted Advisor 最佳實務建議

▲ 選擇支援方案

看到以下畫面就表示註冊好了！接著繼續點擊「**前往 AWS 管理主控台**」，便可以開啟 AWS 的管理主控台。我們會在下一節介紹 AWS 管理主控台。

恭喜您!

感謝您註冊 AWS。

我們正在啟用您的帳戶，需要幾分鐘的時間。當這個程序完成時，您會收到一封電子郵件。

前往 AWS 管理主控台

註冊另一個帳戶或聯絡銷售人員

點擊可開啟 AWS 主控台

▲ AWS 帳戶建立完成

2.3　第一次登入

建好 AWS 帳戶後, 接著就登入 AWS 吧!

1. 開始登入

在 AWS 網站的右上角可看到一個「**登入主控台**」的按鈕, 請點擊該按鈕。

▲ 開始登入

2. 輸入 AWS 帳戶資訊

在 Sign in 畫面中, 請選擇「**Root user (根使用者)**」, 再輸入 Root 使用者的 Email , 這個地址就是您註冊 AWS 帳戶時填寫的 Email 與密碼, 輸入完畢之後, 點擊「Next」。

 NOTE

> 若建立好 AWS 帳戶之後便立刻登入, 則有可能跳過輸入電子郵件地址的步驟,
> 直接進入下一步 (2-15 頁的畫面) 要求輸入密碼。

1 選擇此項

2 輸入 Email

3 點擊

◀ 輸入 AWS 帳戶
的電子郵件地址

 NOTE

上圖看到的「IAM 使用者」是 Root 使用者以外的自建使用者, 通常就是用這些使用者來管控 AWS 的各項功能, 但我們目前還沒建立 IAM 使用者, 因此先用 Root 使用者登入 (IAM 使用者會在第 3 章介紹)。

3. 輸入 AWS 帳戶的密碼

接著輸入 Root 使用者 (即 AWS 帳戶) 的密碼。輸入完畢之後, 點擊「Sign in (登入)」。

▲ 輸入 AWS 帳戶的密碼　**2** 點擊　　　　　**3** 通過驗證

登入後就可以開啟 AWS 管理主控台了：

▲ 登入後進入 AWS 管理主控台

2.4 　使用 AWS 管理主控台

在 AWS 管理主控台 (Console, 以下簡稱主控台) 中可以執行 AWS 相關工作, 從第 3 章開始所介紹的各種服務, 通通都是在主控台中進行。本節先帶你熟悉幾項基本操作。

- 變更區域

- 開啟儀表板

- 登出

2.4.1 　變更 AWS 服務區域 (Region)

AWS 在全球都有據點, 這些據點在 AWS 官網稱為**區域 (Region)**, 開始各項工作之前, 必須在主控台中設定該工作要在哪一個區域執行。之所以要特別指定區域是因為各種 AWS 服務不一定各據點都有提供, 若某服務只在亞太地區的據點發布, 則主控台的區域就要選亞太地區。

在主控台畫面右上角的選單中, 可以在 AWS 帳戶名稱的旁邊看到目前所選的區域, 第一次登入時所看到的不見得是我們需要的, 本書絕大多數的工作都是在 **ap-northeast-1 (亞太地區 (東京))** 這個區域進行, 之後您若想變更, 直接點擊目前的區域名稱, 再從列表中選擇想要的即可。

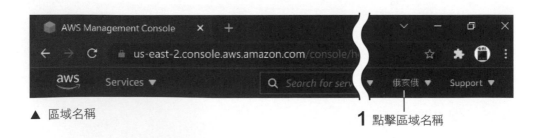

▲ 區域名稱　　　　　　　　　　　　　　**1** 點擊區域名稱

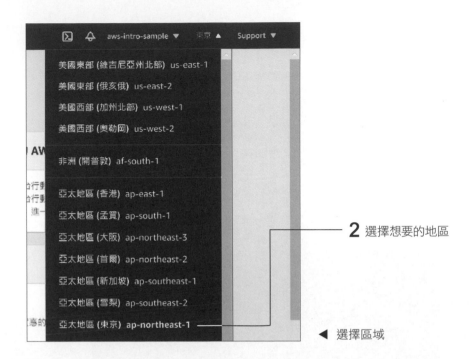

2 選擇想要的地區

◀ 選擇區域

2.4.2　開啟各種服務的儀表板 (Dashboard)

　　AWS 的各服務都羅列在**儀表板 (Dashboard)** 上, 接下來各章節會經常接觸到, 因此先介紹如何找到儀表板。

　　點擊畫面左上角的「**Services (服務)**」選單就會顯示 AWS 提供的服務列表。由於 AWS 服務種類繁多, 在上方文字方塊中輸入服務的關鍵字 (如「IAM」或「VPC」等) 會比較方便找到:

1 點擊

▲「服務」選單

3 在儀表板中, 可輸入關鍵字來找想要的功能

4 可點擊服務名稱旁邊的圖示, 將常用的功能加入我的最愛

2 AWS 的服務列表

▲ 各種服務功能

這些是本書常用的功能, 已通通加入我的最愛方便隨時開啟

2.4.3　登出

結束主控台的工作時, 若想避免他人使用您的 AWS 帳戶, 可點擊畫面上方選單中的「AWS 帳戶名稱」→「**Sign Out (登出)**」來登出帳戶:

▲ 登出

本章示範了 AWS 帳戶的建立流程, 也帶您簡單熟悉了登入、登出的方式及管理主控台的方法, 由於 AWS 可能會微調介面, 您所操作的畫面很難保證與本書完全相同, 不過 AWS 網站的右上角有提供繁體中文切換功能能, 不少的文件指引也都有提供繁體中文, 若有差異也不難變通才是。下一章開始, 我們就開始介紹各種 AWS 的服務功能吧!

MEMO

第 3 章

AWS 帳戶的
安全準備工作

第 2 章建立 AWS 帳戶時, 會一併新增一位 Root 使用者 (根使用者), 但可不能只有這麼一位使用者, 因為它擁有帳戶的所有權限, 萬一遭到盜用就不好了, 例如被不當使用而產生高額費用。

剛開始使用 AWS, 最重要的就是做好帳戶的安全性設定, 本章就來介紹當中最重要的 IAM 功能。

雲端設施

目前什麼都沒有, 先從操作各種服務的 IAM 功能介紹起

IAM

▲ 第 3 章要佈建的內容

3.1　IAM 功能簡介

IAM 的全名是 Identity and Access Management (身分與存取管理), 是 AWS 上用來管理資源存取權限的機制, 可以做身分驗證以及賦予使用者權限等工作。

3.1.1　使用者身分驗證

　　驗證 (authentication) 的功能就跟登入一般網站一樣, 主要告知 AWS 接下來要登入的是哪一位使用者, 每一個 AWS 帳戶 (Email) 底下的使用者都以一個非重覆的使用者名稱 (user name), 搭配密碼即可登入 AWS。

> ◆★ **編註** 上面提到的使用者名稱 (user name) 不是 AWS 帳戶名稱 (即您註冊 AWS 時填入那組 Email) 喔, 每個 AWS 帳戶底下可以新增多位使用者, 含一開始自動建立好的 Root 使用者。

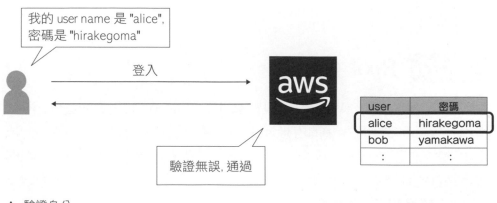

▲ 驗證身分

3.1.2　權限控制

　　權限 (permission) 控制是控制 AWS 使用者可以使用哪些功能, 例如區分一般使用者無法建立新伺服器, 而管理員 (擁有建立權限的使用者) 可以建立:

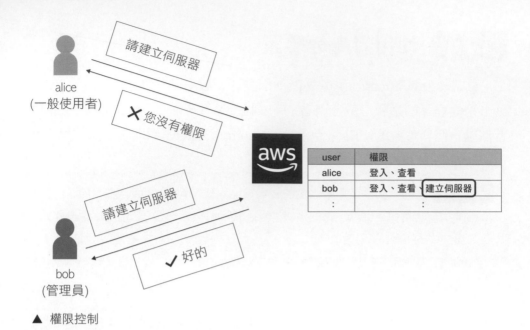

user	權限
alice	登入、查看
bob	登入、查看、建立伺服器
:	:

▲ 權限控制

3.1.3 Root 使用者

第 2 章在登入 AWS 主控台時, 使用的是 Root 使用者的身分, Root 使用者可以存取 AWS 中的所有資源, 權限最高, 使用上要非常小心。一般來說, 除了停用 AWS 帳戶 (解約)、管理使用者權限等特殊作業外, 一般開發作業都不建議以 Root 使用者來操作, 而是另外建立一般使用者 (AWS 稱為 **IAM 使用者**) 來處理:

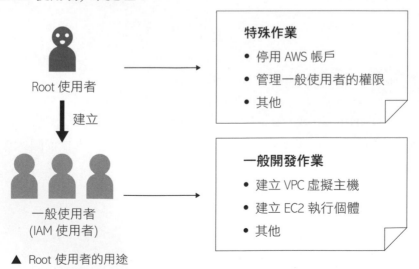

Root 使用者

建立

一般使用者
(IAM 使用者)

特殊作業
- 停用 AWS 帳戶
- 管理一般使用者的權限
- 其他

一般開發作業
- 建立 VPC 虛擬主機
- 建立 EC2 執行個體
- 其他

▲ Root 使用者的用途

NOTE

Root 使用者的工作一覽

AWS 的官網文件列出了只有 Root 使用者可以執行的工作, 讀者可前往以下網站查看:

URL https://docs.aws.amazon.com/zh_tw/general/latest/gr/root-vs-iam.html#aws_tasks-that-require-root

3.1.4　以群組來管理各使用者

Root 使用者在管理各使用者權限時, 如果使用者的數量不少, 一個個設定不免麻煩了點, 而且還可能不小心設錯某某使用者的權限, 為了避免這些情況, 我們可以利用群組 (Group) 來管理:

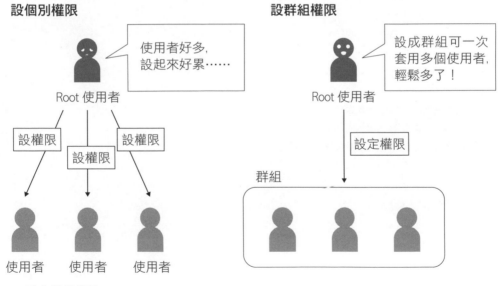

▲ 建立群組權限

採取群組的做法, 只要設好各群組的權限就可以了, 之後要新增使用者時, 也只要視需求將其加入適合的群組即可。基本上就算您 AWS 上頭的使用者數量不多, 都建議善用群組來進行管理。

3.2 用 IAM 儀表板做各種安全設定

　　前面提到的都是很基本的安全設定，實際上 AWS 提供的 IAM 設定功能可說琳瑯滿目，剛開始可能很難摸透而不曉得該怎麼設，為此 AWS 針對 IAM 功能提供了設定建議，在 AWS 上稱為最佳設定實務 (best practice)：

IAM 中的安全最佳實務

PDF | RSS

若要協助保護您 AWS 資源的安全，請遵循這些 AWS Identity and Access Management (IAM) 服務的建議。

主題

- 鎖定您的 AWS 帳戶 根使用者存取金鑰
- 建立個別 IAM 使用者
- 使用使用者群組指派許可給 IAM 使用者
- 授予最低權限
- 開始使用許可搭配 AWS 受管政策
- 驗證您的政策
- 使用客戶受管政策而不是內嵌政策
- 使用存取層級來檢閱 IAM 許可
- 為您的使用者設定高強度密碼政策
- 啟用 MFA

▲ IAM 的設定建議

https://docs.aws.amazon.com/zh_tw/IAM/latest/UserGuide/best-practices.html

　　提醒一下，網站上提供的只是設定建議，不是非照做不可，而且即便全部照建議設定完成，也無法確定 100% 安全，但這些內容仍可做為因應各種安全風險的參考。

本節就從這些建議當中挑選了 5 種設定, 也讓讀者稍微熟悉一下 IAM 功能是如何運作的:

● 刪除 Root 使用者的存取金鑰。

● 為 Root 使用者啟用 MFA 多重驗證機制。

● 建立個別 IAM 使用者。

● 利用群組功能管控各使用者權限。

● 套用 IAM 密碼政策。

接著就開始介紹這 5 項的設定步驟吧!

3.2.1　刪除 Root 使用者的存取金鑰

使用者除了可以透過儀表板操作 AWS 功能外, 也可以撰寫程式來存取各種 AWS 資源 (如附錄 B 的介紹), 人為操作的話必須通過身分驗證, 而想用程式來存取各功能, 則必須在程式中填妥**存取金鑰 (access key)**。

由於 Root 使用者擁有極高的權限, 一般並不建議用程式的方式存取 AWS 的資源, 一旦程式不填外洩, AWS 可就門戶洞開了, 因此, 若 Root 使用者的存取金鑰存在, 最根本的解決辦法就是刪除 Root 使用者的存取金鑰。

 NOTE

如果按照一般步驟建立帳戶, 一開始是不會建立出 Root 使用者的存取金鑰的, 但若因任何原因在操作時建立了存取金鑰, 就可依照以下步驟進行刪除。

🔮 1. 開啟「安全憑證」的管理畫面

首先以 Root 使用者身分登入主控台，接著點擊畫面右上方的 AWS 帳戶名稱，並點擊「Security credentials (安全憑證)」：

▲ 點擊選單中的**安全憑證**

🔮 2. 刪除存取金鑰

進入「Security credentials (安全憑證)」的管理畫面之後，點開**存取金鑰**的區段，若這裡有顯示作用中的存取金鑰，請點擊「**刪除**」：

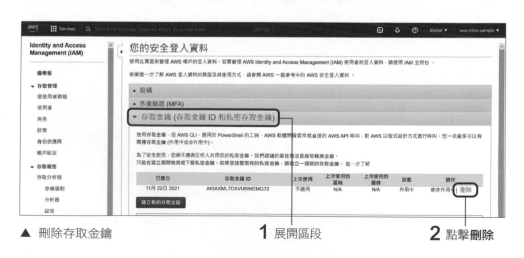

▲ 刪除存取金鑰

3 點擊**停用**

4 手動輸入一
次畫面上顯
示的金鑰 ID

5 點擊此鈕就會刪除

　　之後金鑰的狀態就會變成「已刪除」, 表示 Root 使用者的存取金鑰已經成功刪除。「已刪除」的字眼在一段時間之後會自動消失, 存取金鑰 ID 也不再顯示於畫面中:

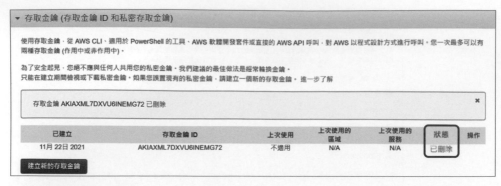

▲ 已刪除的存取金鑰

3.2.2 為 Root 使用者啟用 MFA 多重驗證機制

在初始狀態下，Root 使用者只要輸入電子郵件地址與密碼即可登入，但 Root 使用者擁有極高的權限，嚴格來說這並不是一種安全的驗證方式，為此 AWS 提供更安全的做法，稱為 **MFA 多重驗證機制**。

 NOTE

在安全性領域中，驗證身分時不外乎驗證以下 3 種資訊：

❶ **詢問只有本人知道的資訊**：如密碼及 PIN 碼等。

❷ **利用本人擁有的物品來驗證**：如智慧型手機及信用卡等。

❸ **利用本人的生物特徵來驗證**：如指紋及視網膜等。

結合上述任兩種來驗證，驗證的安全性自然提高許多。現在很多網站在您通過密碼驗證後，還會傳驗證碼到您手機，必須將手機收到的驗證碼填入網站才能登入，這稱為雙要素認證（Two-factor authentication）或兩步驟驗證（2-step verification）。

如果驗證的關卡不只二道，就稱為 MFA（Multi-Factor Authentication 多重要素驗證），總之，都是為了提高安全性所採取的做法。

　　AWS 也是採取密碼 + 手機簡訊來進行 MFA 驗證, 只要在 AWS 網站上啟用**虛擬 MFA 裝置**, 與 AWS 帳戶設好連結的手機在驗證時就會產生一組 PIN 碼, 必須用這組 PIN 碼來通過驗證才行。

　　以下說明啟用虛擬 MFA 裝置的方法：

1. 在手機上安裝驗證用 App

　　首先, 在驗證用的手機上安裝 MFA 驗證用 App, 以下為本書執筆時 AWS 官方支援的 App：

● Authy

● Duo Mobile

● LastPass Authenticator

● Microsoft Authenticator

● Google Authenticator (編：底下我們用這套來示範)

> **NOTE**
>
> 若 App 支援清單有變更, 請以 AWS 官網公佈的為主：https://docs.aws.amazon.com/zh_tw/IAM/latest/UserGuide/id_credentials_mfa.html

2. 開啟「安全憑證」的管理畫面

　　在手機上安裝好 App 後, 在電腦上以 Root 使用者身分登入 AWS 並開啟主控台, 接著點擊畫面右上方的 AWS 帳戶展開選單, 並點擊「**Security credentials (安全憑證)**」：

▲ 點擊選單中的「安全憑證」

3. 啟用 MFA

進入「安全憑證」的畫面之後,展開「**多重驗證 (MFA)**」的區段,並點擊「**啟動 MFA**」的按鈕:

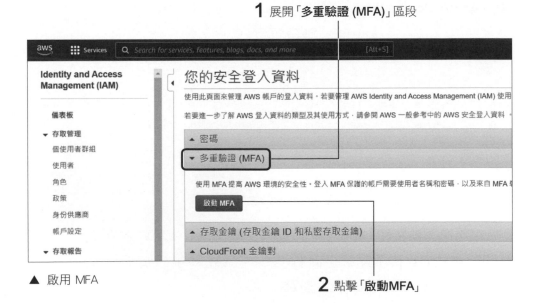

▲ 啟用 MFA

4. 選擇 MFA 裝置類型

　　接下來要選擇 MFA 裝置的類型, 一般大多是用智慧型手機作為虛擬 MFA 裝置, 就選擇「**虛擬 MFA 裝置**」, 並點擊「**繼續**」:

▲ 啟用 MFA

5. 將手機與 AWS 帳戶連結起來

　　接下來設定虛擬 MFA 裝置, 也就是將您的手機與 AWS 帳戶連結起來。首先請在手機上開啟驗證用 App (此例是 Google Authenticator), 在 App 內找到 Scan QR Code 功能後 (編:通常主畫面就會有), 掃描 AWS 網站上顯示的 QR 碼:

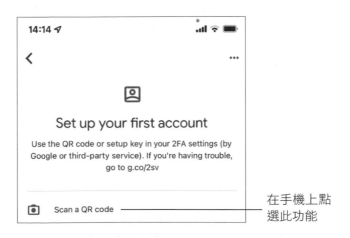

接著手機會依續顯示 2 組 MFA 代碼, 請將代碼填入電腦畫面的 MFA 代碼欄位 (注意:手機上 2 組代碼不會同時出現, 會相隔 10~20 秒左右)。在主控台畫面輸入完第 2 組代碼之後, 點擊「**指派 MFA**」按鈕:

▲ 輸入 MFA 代碼

接著就會看到以下畫面, 表示已經成功指派虛擬 MFA 裝置:

設定虛擬 MFA 裝置　　　　　　　　　　　　　　　　　　　✕

✅ 您已成功指派虛擬 MFA
登入時將需要此虛擬 MFA。

關閉

▲ 成功啟用 MFA

啟用 MFA 後, 爾後登入 AWS 時, 光輸入密碼還不夠, 還會出現以下畫面要您輸入 MFA 驗證碼:

1 必須輸入驗證碼

這時就請您開啟手機上的驗證 App, 將手機上看到的驗證碼填入上圖即可:

2 將此數字填入上圖的畫面以通過驗證 (提醒您, 這 6 碼數字會不斷倒數持續變動, 錯過前一組沒關係, 只要改填目前畫面上最新的那組即可)

3.2.3　建立個別 IAM 使用者

　　由於 Root 使用者的權限太高, 日常的開發工作建議都以一般使用者來操作, 接著就來介紹新增其他使用者的方法 (編：AWS 將 Root 使用者以外的其他使用者統稱為 **IAM 使用者**)。

1. 利用 IAM 儀表板建立新使用者

首先以 Root 使用者身分登入並開啟主控台畫面, 接著從畫面上方的「Services (服務)」開啟搜尋 "IAM", 點擊後即可開啟 IAM 儀表板:

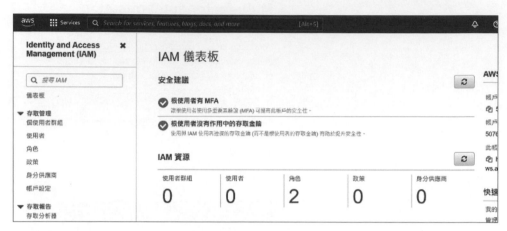

▲ IAM 儀表板

開啟後, 點擊畫面左側的「**存取管理**」→「**使用者**」, 並按下畫面右上角的「**新增使用者**」按鈕:

▲ IAM 儀表板 → 存取管理 → 使用者

2. 設定使用者資訊

在「**新增使用者**」畫面的「**設定使用者詳細資訊**」區塊中, 輸入欲建立的 IAM 使用者資訊。在**使用者名稱**欄位輸入不與其他使用者重複的名稱。底下的**存取類型**可參考下表來勾選, 至少必須勾選其中 1 項。

▼ AWS 的存取類型

存取類型	說明
以程式設計方式存取	使用者是藉由 AWS 所提供的 API 和 SDK 來操作各資源
以 AWS 管理主控台存取	使用者是透過主控台畫面操作各資源

　　由於本節的目的是建立出可以取代 Root 使用者, 於主控台進行操作的 IAM 使用者, 因此勾選「**密碼 － AWS 管理主控台存取**」。輸入完 IAM 使用者的資訊之後, 點擊「**下一個：許可**」的按鈕：

1 輸入使用者名稱

設定使用者詳細資訊

您可以使用相同的存取類型和許可一次新增多個使用者。進一步了解

使用者名稱* 　kenji-nakagaki

➕ 新增另一個使用者

選擇 AWS 存取類型

選取這些使用者主要存取 AWS 的方式。如果您只選擇以程式設計方式存取，它「不會」防止使用者以擔任的角色存取主控台。最後一個步驟會提供存取金鑰和自動產生的密碼。進一步了解

選取 AWS 登入資料類型*　☐ **存取金鑰 - 以程式設計方式存取**
對於 AWS API、CLI、SDK 和其他開發工具啟用 **存取金鑰 ID** 和 **私密存取金鑰**。

2 點擊　☑ **密碼 – AWS 管理主控台存取**
啟用 **密碼**，讓使用者能夠登入 AWS 管理主控台。

主控台密碼*　⦿ 自動產生的密碼
　　　　　　　◯ 自訂密碼

需要密碼重設　☑ 使用者必須在下次登入時建立新的密碼
使用者會自動取得 IAMUserChangePassword 政策，以便變更自己的密碼。

4 點擊

* 必要　　　　　　　　　取消　　下一個：許可

▲ 設定使用者詳細資訊　　**3** 設定這位 IAM 使用者的密碼

◉ 3.「設定許可」

　　「**設定許可**」頁面是將授予 IAM 使用者權限, 我們可以依照下一小節介紹的做法, 先建立群組, 再將 IAM 使用者新增至群組當中, 也可以於此步驟中同時建立出群組。

這裡我們先不介紹群組功能，以下就不更動設定，直接點擊「下一個：標籤」：

▲ 設定許可

4. 新增標籤

「**新增標籤 (選用)**」頁面主要可以增加使用者的附加資訊，當 IAM 使用者的註冊數來到數百人的規模時，若附加名字之外資訊 (例如部門名稱或職務)，會比較方便管理。不過此處不做任何設定，直接點擊「**下一個：檢閱**」：

▲ 先不新增標籤

5. 檢閱

確認到目前為止輸入的內容, 若確認無誤, 點擊「**建立使用者**」的按鈕:

▲ 檢閱畫面

　　如此一來, IAM 使用者就建立完成了。如有需要, 還可點擊「**傳送電子郵件**」, 將登入方式告知該使用者:

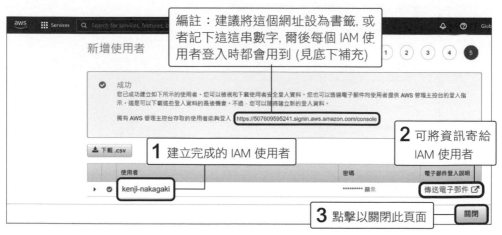

▲ IAM 使用者建立完成

★ 小編補充　上圖網址中所顯示的 12 位數字是每個 AWS 帳戶專屬的 ID (回憶一下 AWS 帳戶就是您申請時所填入的那組 Email), 每個 AWS 帳戶都會配一個專屬的 ID, 此 ID 數字之所以重要, 是因為爾後不管哪位 IAM 使用, 在登入時都得填入, 底下我們模擬了剛剛所新增的 IAM 使用者之後該如何登入 AWS：

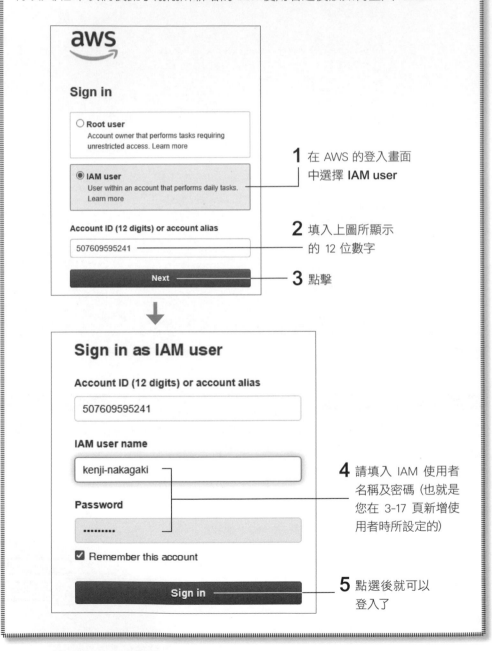

1 在 AWS 的登入畫面中選擇 **IAM user**

2 填入上圖所顯示的 12 位數字

3 點擊

4 請填入 IAM 使用者名稱及密碼 (也就是您在 3-17 頁新增使用者時所設定的)

5 點選後就可以登入了

萬一, 您沒有記下帳戶的 12 位 ID 數字, 不用擔心, 先改用 Root 使用者登入就可以查到這些數字:

1 如第 2 章的介紹, 先用 Root 使用者登入主控台

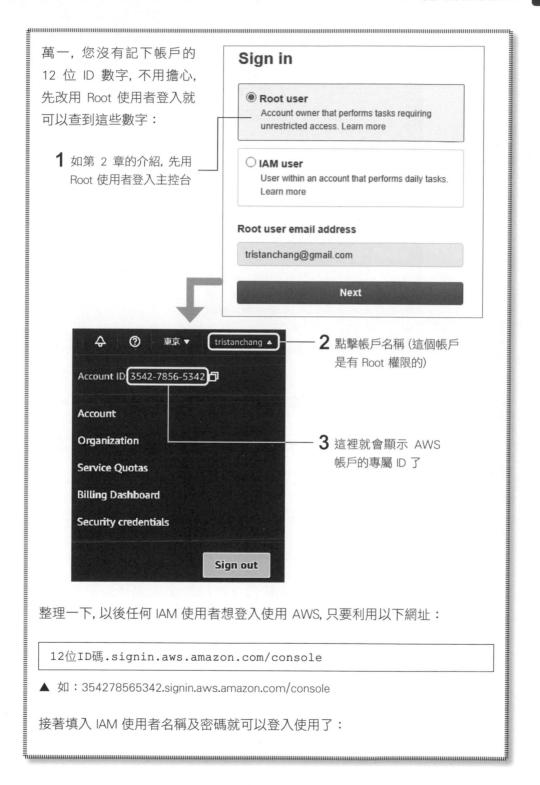

Sign in

◉ **Root user**
Account owner that performs tasks requiring unrestricted access. Learn more

○ **IAM user**
User within an account that performs daily tasks. Learn more

Root user email address

tristanchang@gmail.com

Next

2 點擊帳戶名稱 (這個帳戶是有 Root 權限的)

Account ID: 3542-7856-5342

Account
Organization
Service Quotas
Billing Dashboard
Security credentials

Sign out

3 這裡就會顯示 AWS 帳戶的專屬 ID 了

整理一下, 以後任何 IAM 使用者想登入使用 AWS, 只要利用以下網址:

```
12位ID碼.signin.aws.amazon.com/console
```

▲ 如:354278565342.signin.aws.amazon.com/console

接著填入 IAM 使用者名稱及密碼就可以登入使用了:

清楚看到目前登入
的是哪個 IAM 使用者

3.2.4 利用群組功能管控各使用者權限

3.1.4 節提到, 使用群組將權限相似的使用者集結成群, 再分別設定各群組的權限, 除了能夠提高管理效率, 還可避免出現設定遺漏的情形。底下就來介紹群組該怎麼設。

1. 利用 IAM 儀表板建立群組

首先以 Root 使用者身分登入並開啟主控台畫面, 接著透過畫面左上方的「Services (服務)」開啟 IAM 儀表板。

開啟後, 點擊畫面左側的「**存取管理**」→「**個使用者群組**」, 並按下畫面右上角的「**建立群組**」按鈕:

▲ IAM 儀表板 → 存取管理 → 個使用者群組

2. 為群組命名

接下來輸入易於辨識該群組職務的名稱, 例如 Developers (開發人員)。輸入完後繼續下一步:

▲ 為群組命名

3. 新增使用者至群組

接下來的步驟是將前一小節建立的任一位 IAM 使用者新增到群組當中, 只要勾選要新增至群組的使用者即可:

▲ 新增群組成員

4. 連接許可政策

最後一個步驟是設定群組的權限。由於 AWS 提供的資源數量非常龐大，要一個個單獨設定其實是相當不切實際的，為此 AWS 的做法是以政策 (Policies) 包含多個資源使用權限，只要將各政策指派給群組即可。

雖然政策也可以自行建立，但使用預設政策會更方便。這裡我們示範的是指派 PowerUserAccess 與 IAMFullAccess 權限。只要在搜尋方塊中輸入部分名稱，即可更快地篩選出想要尋找的政策。

> **NOTE**
>
> ### PowerUserAccess 與 IAMFullAccess
>
> PowerUserAccess 政策擁有 AWS 內資源的所有權限。IAMFullAccess 政策則擁有 IAM 相關的所有權限。但這 2 種政策都無法執行像是關閉 AWS 帳戶等操作，因此會較 Root 使用者來得安全。

政策設定完畢之後，點擊右下角的「**建立群組**」按鈕。如此一來群組就建立完成了：

▲ 連接許可政策畫面

5. 檢視群組

群組建立完成之後，可以點擊右上角的「**檢視群組**」按鈕，查看建立好的群組內容：

▲ 檢視群組

接著切換畫面中央的**個使用者**及**許可**等分頁, 即可查看相關內容:

點擊**許可**等分頁查看內容

▲ 檢視群組的權限內容

3.2.5 套用 IAM 密碼政策

最後要設定的是密碼政策, 身為 Root 使用者的您可以規範一般使用者的密碼設定方式, 避免使用者將密碼設得過於簡單。

1. 利用 IAM 儀表板設定密碼政策

首先以 Root 使用者身分登入並開啟主控台畫面。接著從畫面上方的「Services (服務)」開啟 IAM 儀表板。開啟後, 點擊畫面左側的「**存取管理**」→「**帳戶設定**」, 並按下畫面上「**變更密碼政策**」按鈕:

▲ IAM 儀表板 →「存取管理」→「帳戶設定」

2. 設定密碼政策

　　接著就可以設定密碼政策。較安全的密碼條件不外乎是密碼長度盡量長、須具備相當程度的複雜性, 以及永不重複使用等。這裡是設定至少包含 10 個字元, 且至少包含 1 個小寫字母以及 1 個數字。設定完成之後, 點擊「**儲存變更**」按鈕。

▲ 設定密碼政策

如此一來，密碼政策就設定完成了：

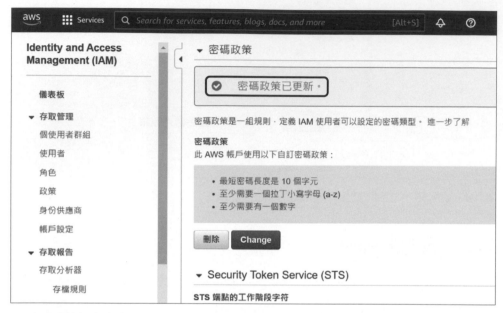

▲ 密碼政策設定完成

　　以上就是本書所做的安全性設定，我們也大致熟悉了 IAM 儀表板的各
種功能。再次提醒，光這些設定並不代表 100% 安全，爾後還是要根據要
建立的應用程式及組織的要求，設定其他必要的安全項目。完成以上工作
後，下一章我們就要開始建立執行 Web 應用程式所需的雲端設施了。

第 4 章

建立虛擬網路環境

前面完成了在 AWS 上操作的準備, 接下來就要正式開始佈建 AWS 的資源了！本章要建置的是讓各種伺服器能夠順暢運作的網路資源, 包括子網路、網際網路閘道、NAT 閘道等…。

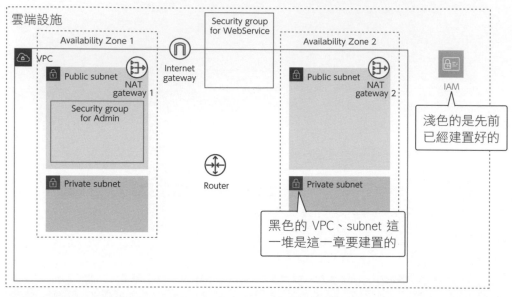

▲ 第 4 章要佈建的資源

4.1 認識 Amazon VPC (虛擬私有雲)

4.1.1 VPC 的基本介紹

網路已經是日常生活不可或缺的工具, 而對開發者來說, 要關注的自然不是網際網路的應用面, 而是讓企業應用程式能夠順利運作的網路架構。下圖是一個常見的網路架構, 圖中各種伺服器、連接電纜, 都是由網路管理員建置而成, 目的是讓網路內的各種裝置相互通訊, 進而對外提供服務：

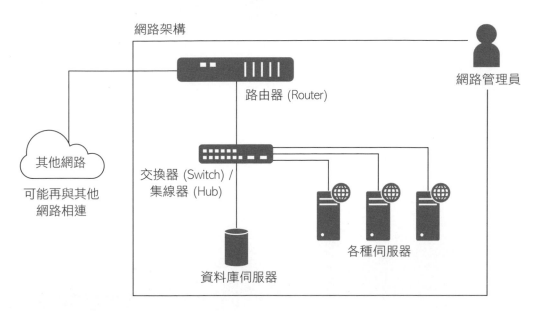

▲ 常見的網路架構

　　想要在 AWS 上頭建置上圖這樣的網路架構, 必須使用稱為 Amazon VPC (Amazon Virtual Private Cloud, 亞馬遜虛擬私有雲) 的服務, 本書後續統稱為 VPC。

　　VPC 的 V (Virtual) 為虛擬之意, 意思是我們不用準備任何實體裝置, 而是用軟體去虛擬出各種伺服器和網路功能。方便的是, 想要新增、刪除任何裝置, 就像啟動、關閉軟體一樣簡單。

Internet

接下來將在 VPC 中新增 4-2 頁所
看到 subnet、Internet gateway、
NAT gateway 等種虛擬網路裝置

▲ VPC

 NOTE

AWS 的硬體資訊

AWS 提供的硬體資訊並沒有公開, 一般來說也沒有必要知道, 只要屆時您在上
頭運作的服務跑的順就好了。如果需要建立極為穩定的服務, 可再進一步聯繫
AWS 來了解, 通常得支付額外費用來使用效能更強、更穩定的裝置。

4.1.2 一覽設定內容

接著就來著手建立 VPC, 這是所有虛擬網路裝置的基礎。本書我們會
習慣性先整理出所有服務的設定內容, 然後再動手建立。

底下是 VPC 所使用的設定：

▼ VPC 的設定

欄位	設定值	說明
名稱標籤	sample-vpc	自訂 VPC 的名稱
IPv4 CIDR 區塊	10.0.0.0/16	VPC 使用的私有網路 IPv4 位址範圍
IPv6 CIDR 區塊	無 IPv6 CIDR 區塊	VPC 使用的私有網路 IPv6 位址範圍
租用	預設	是否要在專用硬體上執行 VPC 中的資源

從上表可以看到，設定 VPC 時您必須具備基礎的網路知識，基本的 **IP 位址** (IP address) 就不用說了，您也得了解上表看到的 **CIDR** (Classless Inter-Domain Routing) 概念，簡單說這是用來管理 IP 位址範圍的方法，就像真實世界當中，我們也是將電話號碼分成國碼、區碼及用戶號碼進行管理一樣，接著我們就針對各設定項目一一說明。

> **★ 編註** 本書作者設定讀者已有基礎的網路知識，若您想強化相關知識，可以參考旗標出版的「**網路規劃與管理實務 第三版**」或其他相關書籍。

> **★ 編註** 本書作者會在操作前的每一小節先整理出設定內容的表格，除了供讀者先行預覽、日後查閱方便外，還有特別用意喔！因為日後若高桿一點，可以利用文字指令搭配內含設定內容的範本檔來快速建置資源 (不用在主控台一一點選設定)，因此，習慣性整理好各設定項目，就可以快速騰寫至範本檔內，好處不少。我們在最後的附錄 B 會簡單示範此種快速建置法。

名稱標籤

為 VPC 取 1 個易於辨識的名稱，之後都還可以再更改。

IPv4 CIDR 區塊

這個欄位是要指定 VPC 使用的私有 IP 位址範圍。IPv4 所規劃的私有 IP 範圍級別主要有以下 3 種：

- ClassA：10.0.0.0 ～ 10.255.255.255。

- ClassB：172.16.0.0 ～ 172.31.255.255。

- ClassC：192.168.0.0 ～ 192.168.255.255。

雖然說 IP 位址的範圍越大，同一個網路內可以使用的 IP 位址就越多，例如 ClassA 的子網路遮罩若設為最大範圍，也就是網路 IP 為 8 位元 (即設定 10.0.0.0/8)、主機 IP 為 24 位元，那麼最多可以使用 16,777,216 (即 2^{24}) 個 IP 位址，但 AWS 規定 VPC 可以指定的**主機位址必須是 /16 或更小** (編：即主機 IP 最多就是 16 位元，詳見 AWS 網站 https://reurl.cc/Rbx81n 的說明)，因此無論您使用上述 3 種級別的哪一種，1 個 VPC 內可以使用的 IP 位址頂多就只有 65,536 個 (即 2^{16})。

至於要選擇上述 3 種級別的哪一種都可以，作者是設為 10.0.0.0/16。

IPv6 CIDR 區塊

選擇 VPC 是否要使用 IPv6 的位址，若無特殊需求選擇「**無**」即可。

租用 (tenancy)

選擇 VPC 中的資源是否要在租用的專用硬體上執行 (需額外付費)。若選擇「**預設**」表示不租用，也就是跟其他人一塊共用硬體，本書只是做一般使用，選「**預設**」就行了。日後您若需要開發格外重視可靠性的系統，則可考慮選擇「**專用 (Dedicated)**」額外付費。

4.1.3　建立 VPC

大致了解各種設定後，我們就利用 AWS 主控台來建立 VPC 吧！

 NOTE

建議用 IAM 使用者來登入操作

如第 3 章所述，在建置雲端設施時都建議用 IAM 使用者來操作 (而非 Root 使用者)，如果您目前登入的身分為 Root 使用者，請先登出，再以 3.2.3 節建立的 IAM 使用者重新登入。

如果在第 3 章您沒有將登入的網址記下來，現階段請先用 Root 使用者登入，接著開啟 IAM 儀表板後，在下圖的位置就可以看到 (編：AWS 可能會更新介面，但應該都可以在此頁面找到登入的 URL)：

無論是要登入 Root 使用者 /
IAM 使用者，都是透過這個 URL

用 IAM 使用者登入後，接著就開始操作吧！首先，從主控台畫面左上角的「Services (服務)」區搜尋 "VPC" 來開啟 VPC 儀表板。開啟之後，點開左側「您的 VPC (Your VPCs)」畫面，並點擊「建立 VPC (Create VPC)」的按鈕：

▲ 開始建立 VPC

預設的 VPC，我們不會用到

NOTE

上圖中 Name 為「-」的 VPC 是每個 AWS 帳戶預設會建立的，已經完成簡易的設定，適合想要快速建立部落格或簡易網站的使用者直接用。本書會帶您從頭建一個 VPC，因此您若不需要，可以將這個預設的 VPC 刪除 (編：方法是先勾選此 VPC，在上面的**動作**選單中執行**刪除 VPC**)。

接下來會出現「**建立 VPC (Create VPC)**」的畫面，底下就依 4-5 頁的表格內容進行各項設定：

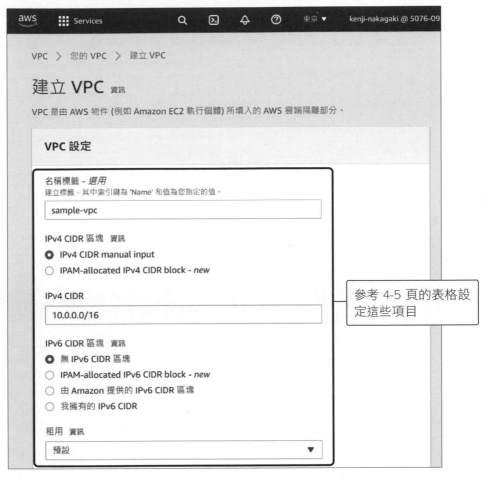

▲ 設定 VPC

　　畫面下方還有「**標籤 (Tags)**」設定區，只要您在上面設定了名稱標籤 (Name)，這裡就會自動設定一個索引鍵為「Name」的標籤，這一項保留設定即可。

　　以上都輸入完畢後，滾動到畫面底部，點擊「**建立 VPC (Create VPC)**」的按鈕：

標籤

標籤是您指派給 AWS 資源的標籤。每個標籤包含索引鍵和選用值。您可以使用標籤來搜尋和篩選資源或追蹤 AWS 費用。

索引鍵

Q Name ✕

值 - 選用

Q sample-vpc ✕

移除

新增標籤

您可以再新增 49 個標籤.

點擊**建立 VPC**

取消   建立 VPC

▲ 建立 VPC

如此一來新的 VPC (此例的 sample-vpc) 就建立完成了：

▲ 建立完成的 VPC

 NOTE

本書針對各種資源的命名方式

在 AWS 中，VPC 就算是一個資源，我們必須為各種資源命名，往後您還會遇到更多資源，例如 雲端運算服務 (EC2)、負載平衡器 (ELB) 等。本書在命名時是根據以下規則：

自訂名稱 — 資源種類

例 sample-vpc (VPC)
例 sample-ec2-web01 (用 EC2 服務建立的 Web 伺服器)
例 sample-elb (ELB 負載平衡器)

4.2 子網路 (Subnet) 和 Availability Zone (AZ)

4.2.1 子網路和 Availability Zone 簡介

VPC 中必須建立 1 個以上的子網路 (Subnet), 以劃分 IP 位址的範圍, 其主要用途有以下兩個:

- 區分對內及對外的功能。
- 建立 AWS 內的冗餘 (redundancy) 備援機制。

區分對內及對外的功能

我們在建構系統時, 會使用到各種資源的組合。例如負載平衡器 (Elastic Load Balancer) 這種資源, 其用途是要對外公開, 因此必須允許來自外部的存取。而資料庫伺服器 (database server) 這種資源則是僅提供 VPC 的內部伺服器使用, 必須避免對外公開。想要達成這種規劃, 最佳做法就是將該資源指派給含有該資源的子網路 (例如在 Public 子網路裡面建置就是公開的、而在 Private 子網路裡面建就是非公開的), 這樣管控就會很方便。

建立冗餘備援機制

雖然我們是使用 AWS 的雲端功能, 但各子網路內的資源最終還是運行在某些實體裝置上, 只要這些子網路都在同樣的實體裝置上運作, 當某裝置故障時, 子網路內的資源還是有可能無法使用。身為管理者必須健全雲端設施的復原 (resilience) 功能, 避免系統因硬體故障等意外事件而無法使用。

VPC 中就有一種 **Availability Zone (AZ)** 的概念, 此名詞 AWS 是譯為**可用區域**, 乍聽之下或許不太知道含義, 但概念上就接近「備援機

房」, 實質上不難懂, 例如 ap-northeast-1 區域中就有 ap-northeast-1a 跟 ap-northeast-1c 兩個 AZ。不同的 Availability Zone 之間是完全獨立的, 只要在不同的 Availability Zone 當中各自建立子網路, 就能夠降低多個子網路同時無法使用的風險, 當 Availability Zone A 故障了, Availability Zone B 還可以運作。

本書會規劃兩個 Availability Zone, 並在兩個 Availability Zone 當中各自建立公有 (Public) 和私有 (Private) 子網路, 整體規劃如下圖所示：

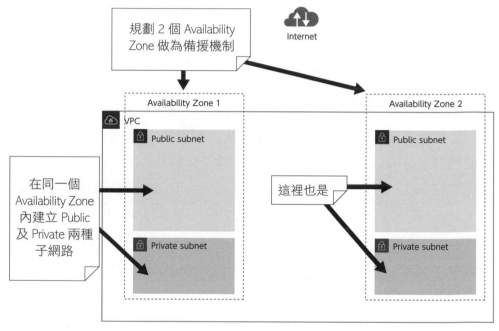

▲ 子網路和 Availability Zone

 NOTE

AWS 的故障機率

經統計, 一年大約會發生一次大規模的 AWS 故障事件, 例如日本在 2019 年 8 月 23 日發生了一次大故障, 當時某些 Availability Zone 因此停止運作了數小時。發生的原因據說是冷卻設備故障。像遇到這種情況時, 將服務部署在不同的 Availability Zone 中, 就可以將損害降到最低。

4.2.2 IPv4 CIDR 的設計方式

接著來介紹子網路的規劃, 比較重要的是 CIDR 的規劃。子網路一旦建立完成, 所使用的 CIDR 區塊就不可以再更改了, 因此一開始就必須謹慎設計。通常會考慮以下 2 點:

● 要建立的子網路數量。

● 要在子網路中建立的資源數量 (編:簡單說資源就是會佔用 IP 位址的各式主機、閘道等..)。

若熟悉 IP 位址規劃應該知道, 兩者是此消彼長 (trade-off) 的關係, 也就是當建立的子網路越多, 各子網路中的可用的 IP (資源數量) 就會越少。舉例來說, 當 VPC 擁有 10.0.0.0/16 的 CIDR 區塊時, 其建立的子網路可擁有的 CIDR 區塊如下表所示:

▼ **子網路 CIDR 設計方式的範例**

子網路的 CIDR 區塊	子網路數量	資源數量
00001010.00000000.XXXXXXXX.XXXXXXXX VPC 16bit　　　子網路 8bit　　　資源 8bit	256 (2^8)	251 (2^8-5)
00001010.00000000.XXXX XXXX.XXXXXXXX VPC 16bit　　　子網路 4bit　　　資源 12bit	16 (2^4)	4091 (2^{12}-5)
00001010.00000000.XX XXXXXX.XXXXXXXX VPC 16bit　　子網路 2bit　　　資源 14bit	4 (2^2)	16379 (2^{14}-5)

NOTE

子網路中的資源數量

在上表中, 最後一行的資源 (主機) 數量都必須減掉 AWS 預留的 5 個 IP 位址, 這是 AWS 的規定, 詳見 https://reurl.cc/Rbx81n 的說明。

一般來說，設計時為子網路與資源的數量都留點餘裕會比較好，本書是以上表中間那一列 - 即 VPC 16 bit、子網路 4bit 來設定，也就是共 20 bit 做為網路 IP (Network IP Address)，最後的資源 (各主機) 則是 12 bit，也就是 12bit 做為主機 IP 位址 (Host IP Address)。

決定好之後，下表分別列出了 4 個子網路的設計：

▼ 本書 4 個子網路的 CIDR 設計

子網路	CIDR 區塊
public01	00001010.00000000.0000XXXX.XXXXXXXX (10.0.0.0/20)
public02	00001010.00000000.0001XXXX.XXXXXXXX (10.0.16.0/20)
private01	00001010.00000000.0100XXXX.XXXXXXXX (10.0.64.0/20)
private02	00001010.00000000.0101XXXX.XXXXXXXX (10.0.80.0/20)

這樣最多可以建立出 16 個子網路，但我們只會建立上表這 4 個。各子網路中可以建立的資源數量總共有 4091 個，這對一般使用來說已經綽綽有餘。

4.2.3　一覽子網路的設定細節

接著來深入看本書 4 個子網路的細節吧，如下圖所示：

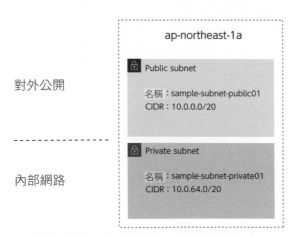
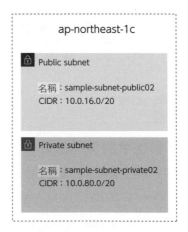

▲ 本書建立的子網路架構

建立各子網路所需要的設定如下：

▼ 建立 4 個子網路所需的資訊

	欄位	設定值	說明
對外子網路 1	VPC ID	sample-vpc	欲建立子網路的 VPC, 此例為 sample-vpc
	子網路名稱	sample-subnet-public01	自訂子網路的名稱
	Availability Zone	ap-northeast-1a	選擇子網路所在的 Availability Zone
	IPv4 CIDR 區塊	10.0.0.0/20	如前面的介紹
對外子網路 2	VPC ID	sample-vpc	同上
	子網路名稱	sample-subnet-public02	
	Availability Zone	ap-northeast-1c	
	IPv4 CIDR 區塊	10.0.16.0/20	
內部子網路 1	VPC ID	sample-vpc	同上
	子網路名稱	sample-subnet-private01	
	Availability Zone	ap-northeast-1a	
	IPv4 CIDR 區塊	10.0.64.0/20	
內部子網路 2	VPC ID	sample-vpc	同上
	子網路名稱	sample-subnet-private02	
	Availability Zone	ap-northeast-1c	
	IPv4 CIDR 區塊	10.0.80.0/20	

　　上表要特別提的是 Availability Zone (可用區域), 每個 AWS 的區域 (編：如 ap-northeast-1 亞太地區(東京)、ap-east-1 亞太地區 (香港)......) 都有提供固定幾個 Availability Zone 讓我們選擇。

例如 ap-northeast-1 亞太地區 (東京) 這個區域提供了 ap-northeast-1a、ap-northeast-1b、ap-northeast-1c、ap-northeast-1d 等 Availability Zone。

NOTE

每個 Availability Zone 都有一個專屬 ID, 會顯示在該 Availability Zone 底下, 例如下圖的「ap-northeast-1a」的 ID 就是 apne1-az4。

本章我們不會用到這個 ID, 這點稍微知道一下就可以了。

各個 Availability Zone 的 ID

此外, 上一頁表格中 **IPv4 CIDR 區塊**要選擇子網路可使用的 IP 位址範圍, 此範圍必須包含在建立 VPC 時所指定的範圍之內。

4.2.4 建立子網路

接下來就在 AWS 主控台建立子網路吧！首先從 VPC 的儀表板開啟「**子網 (Subnets)**」的畫面, 並點擊「**建立子網路 (Create subnet)**」的按鈕:

1 點擊 (編:請注意 AWS 上是顯示
簡體名詞, 此項目即為**子網路**)

2 點擊

▲ 開始建立子網路

Name 為「-」的子網路是預設 VPC 的
子網路。本書不會使用到這些子網路

接著依 4-15 頁所整理的設定來建立 4 個子網路, 我們先建立第 1 個:

▲ 輸入子網路所需資訊

輸入完所有資訊之後，滾動到畫面底部，並點擊「**建立子網路**」的按鈕：

▲ 建立子網路 1

如此一來, 子網路 1 就建立完成了：

▲ 建立完成的子網路 1

　　本節共要建立 4 個子網路, 因此再按照 4-15 頁的表格, 重複以上步驟, 建立其他 3 個子網路：

	Name	▼	子網路ID	▼	狀態	▼	VPC	▼	IPv4 CIDR
☐	sample-subnet-pub...		subnet-07724a1658e198f42		⊘ Available		vpc-0046593face3d7bd3 | sa...		10.0.16.0/20
☐	sample-subnet-pub...		subnet-0bbee7ff9450ae92a		⊘ Available		vpc-0046593face3d7bd3 | sa...		10.0.0.0/20
☐	sample-subnet-priv...		subnet-08aa089397f21c274		⊘ Available		vpc-0046593face3d7bd3 | sa...		10.0.80.0/20
☐	sample-subnet-priv...		subnet-0fec2b20edcb11fbb		⊘ Available		vpc-0046593face3d7bd3 | sa...		10.0.64.0/20

▲ 建立完成的 4 個子網路

4.3 網際網路閘道 (Internet gateway)

4.3.1 網際網路閘道簡介

網際網路閘道 (Internet gateway, 簡稱 IGW) 的用途是讓內部網路能和 Internet 通訊, 只要 VPC 內的資源想連上 Internet, 就必須通過 IGW 這一關。接著我們就來設定 IGW：

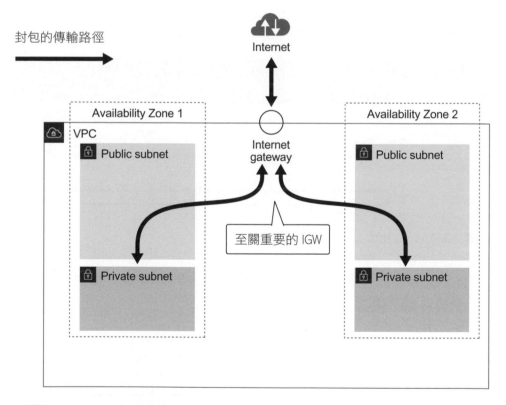

▲ 建立 IGW

4.3.2　一覽設定細節

先來確認本小節要建立的 IGW 吧！設定項目如下表所示：

▼ IGW 的設定項目

欄位	設定值	說明
名稱標籤	sample-igw	自訂 IGW 的名稱, 之後還可再更改
VPC	sample-vpc	要連接 (attach) IGW 的 VPC。在 VPC 中建立 IGW 的動作, 稱為 attach

4.3.3　建立 IGW

接下來就在 AWS 主控台建立 IGW 閘道吧！

首先從 VPC 的儀表板開啟「**互聯網網關 (Internet Gateways)**」的畫面, 並點擊「**建立網際網路閘道 (Create internet gateway)**」的按鈕：

1 點擊這裡 (編：請注意 AWS 上是顯示簡體名詞, 此項即為**網際網路閘道**)

2 點擊**建立網際網路閘道**按鈕

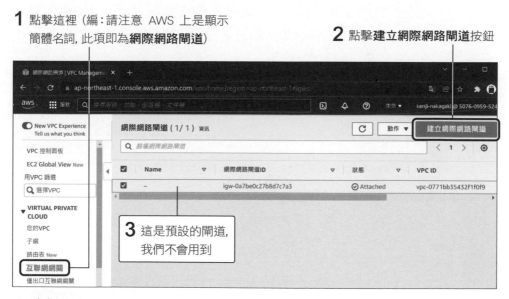

3 這是預設的閘道, 我們不會用到

▲ 建立 IGW

之後就會出現「**建立網際網路閘道 (Create internet gateway)**」的畫面。請在「**網際網路閘道設定 (Internet gateway settings)**」底下的欄位輸入名稱 "sample-igw"：

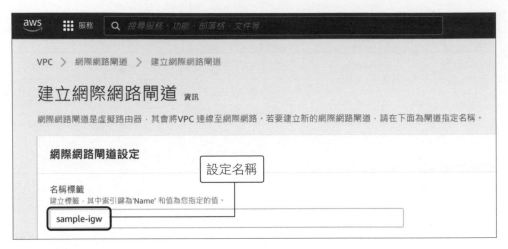

▲ IGW 設定

　　畫面下方還有 1 個部分為「**標籤 (Tags)**」，只要在「網際網路閘道設定」中指定了名稱標籤 (Name)，此處就會自動設定出 1 個索引鍵為「Name」的標籤。我們不會變更這項設定，不用另外輸入其他項目。

　　輸入完畢之後，滾動到畫面底部，並點擊「**建立網際網路閘道 (Create internet gateway)**」的按鈕：

標籤 – 選用
標籤是您指派給AWS 資源的標籤。每個標籤包含索引鍵和選用值。您可以使用標籤來搜尋和篩選資源或追蹤AWS 費用。

索引鍵	值 - 選用	
🔍 Name ✕	🔍 sample-igw ✕	移除

新增標籤

您可以再新增50 個標籤。

點擊

取消　　建立網際網路閘道

▲ 建立 IGW

如此一來 IGW 就建立完成了：

▲ 建立好的 IGW

將 IGW 連接到 VPC

接下來要將建立好的網際網路閘道 (IGW) 連接到 VPC。首先點擊閘道右側的「**動作 (Actions)**」選單，接著選擇列表中選擇「**連線至 VPC (Attach to VPC)**」：

▲ 將 IGW 連接到 VPC

接著在下圖中選擇 IGW 要連線的 VPC：

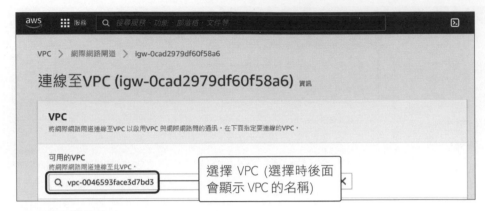

▲ 選擇欲連接的 VPC

選擇完畢之後，點擊「**連線網際網路閘道（Attach internet gateway）**」的按鈕：

VPC
將網際網路閘道連線至VPC以啟用VPC與網際網路間的通訊。在下面指定要連線的VPC。

可用的VPC
將網際網路閘道連線至此VPC。

Q vpc-0046593face3d7bd3   ✕

▶ AWS 命令列界面命令

點擊

取消   連線網際網路閘道

▲ 與網路閘道連線

如此一來 IGW 就連接到 VPC 了：

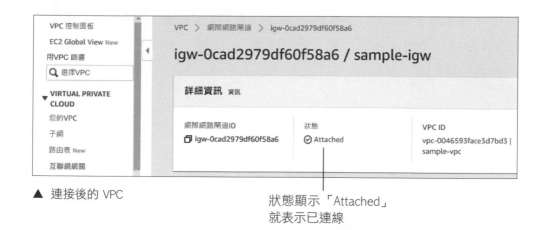

▲ 連接後的 VPC

狀態顯示「Attached」
就表示已連線

4.4　NAT 閘道

4.4.1　NAT 的機制

前一節的網際網路閘道 (Internet Gateway, IGW) 是讓 VPC 中建立的網路得以和 Internet 通訊，這代表佈建在 VPC 中的資源必須擁有公有 IP (public IP)，才能與外部通訊。但擁有公有 IP 就表示會被直接公開在網際網路上，如此一來，之前特地分為 Public (對外公開) 及 Private (不對外公開) 子網路，也就失去意義了。

當 Private 子網路只想單方面存取 Internet，而不想被 Internet 存取時，NAT (**Network Address Translation**, **網路位址轉換**) 機制就可以派上用場。

我們可以用真實世界中「公寓」的概念來看 NAT。假設有一間公寓，總共有 10 間套房，每間都會分配到 1 個房號，從 1 號房到 10 號房。公寓內的住戶 (內部人士) 可以透過「房號」知道所指的是哪間套房。但公寓住

戶在與外部人士通信時，寄件地址當然不能只寫上房號，否則收件人完全無法回信，寄件地址必須寫清楚「**公寓地址 ＋ 房號**」才行。此外，外面的人不清楚公寓內部房號資訊，因此光知道公寓地址，也無法與特定房號的人聯繫。

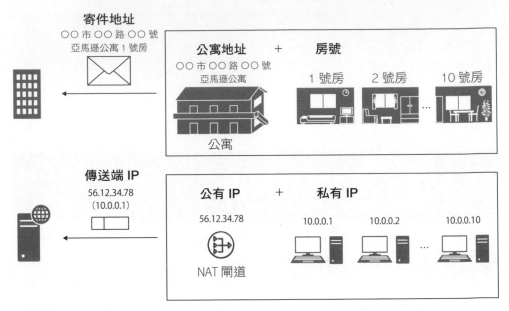

▲ NAT 的機制

此例真實世界與網路世界的對應關係就像下表這樣：

▼ 真實世界與 NAT 元素的對應

真實世界	網路世界
公寓	NAT 閘道
公寓地址	NAT 閘道的公有 IP
房號	私有 IP

這樣應該懂了吧！當要對外通訊時，負責將私有 IP 的資訊轉換成公有 IP 的資訊，這就是 NAT 在做的事。

4.4.2　一覽 NAT 的設定細節

在 AWS 中可以用 **NAT 閘道 (NAT gateway)** 功能做到 NAT 的效果，如下圖所示，NAT 閘道是建立在公有 (Public) 子網路上，而當私有 (Private) 子網路想對外連線時，要先過 NAT 閘道這一關，然後再過前一節的 IGW (網路網路閘道) 那一關，就可以對外連線了：

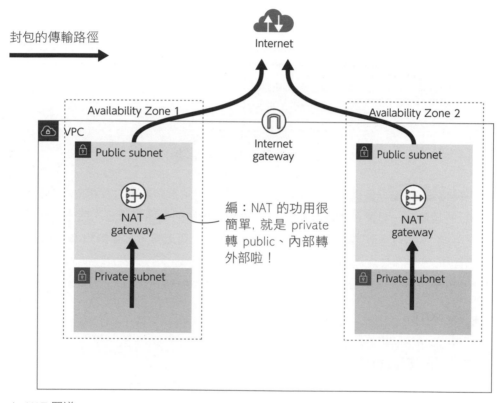

▲ NAT 閘道

建構 NAT 閘道有一點很重要，**在 AWS 上 NAT 閘道是要付費的**，即便像本書一樣申請免費一年的 AWS 帳號也是一樣。因此，雖然說為了備援考量，在一個子網路上多建立幾個 NAT 閘道會比較保險，但每針對一個子網路建立 NAT 閘道就必須多付一份費用，這點請務必留意喔！

本書會在 2 個公有子網路中,「付費」各建立 1 個 NAT 閘道。

 小編補充　操作前先讓讀者有點概念:經小編實作, NAT 閘道是以小時計價的, 在使用 174 小時的情況下收費共花了 11.78 美元 (約略台幣 326 元):

AWS 服務費用		$11.78
▼ Data Transfer		$0.00
▶ **Asia Pacific (Tokyo)**		**$0.00**
▼ Elastic Compute Cloud		$11.22
▼ **Asia Pacific (Tokyo)**		**$11.22**
Amazon Elastic Compute Cloud NatGateway		$10.79
$0.062 per NAT Gateway Hour	174.000 Hrs	$10.79
Elastic IP Addresses		$0.43
$0.00 per Elastic IP address not attached to a running instance for the first hour	1.000 Hrs	$0.00
$0.005 per Elastic IP address not attached to a running instance per hour (prorated)	85.800 Hrs	$0.43

以小時計價的 NAT 閘道功能

先提醒讀者, 這一章還只是網路環境建置, 您可以先不必實際付費建立 NAT 閘道, 往後章節一旦需要 NAT 閘道時, 會再提醒讀者回過頭來建立。而一旦建立好 NAT 閘道就會開始計費, 若想停用 (停止付費), 可以參考本書附錄 A 的說明來操作, 事關荷包, 一定要重視啊!

NOTE

彈性 IP (Elastic IP)

雖然 AWS 並不允許資源直接擁有公有 IP, 必須透過閘道對外通訊, 但 AWS 也提供了另一種付費替代方案, 那就是**彈性 IP**, 這是一種管理公有 IP 的功能, 只要在 AWS 上建立彈性 IP, 就能從 AWS 分配到公有 IP, 之後再將此彈性 IP 指派給資源, 就可使該資源間接擁有公有 IP 了。

★ 小編補充　下一小節實際建立 NAT 閘道時, 就會使用到彈性 IP 功能, 提醒讀者, **這也是需要付費的** (使用免費一年帳號也是一樣)。

底下就先確認本小節要建立的 NAT 閘道設定吧！目前有 2 個公有子網路 (public subnet)，需各自建立一個 NAT 閘道，所以總共要建 2 個：

▲ NAT 閘道的設定內容

	欄位	設定值	說明
NAT 閘道 1	名稱	sample-ngw-01	NAT 閘道的名稱
	子網路	sample-subnet-public01	要在哪個子網路建立 NAT 閘道
	連線類型	公有	NAT 閘道的連線類型
	彈性 IP 配置 ID	(自動生成)	指派給 NAT 閘道的彈性 IP
NAT 閘道 2	名稱	sample-ngw-02	同上
	子網路	sample-subnet-public02	
	連線類型	公有	
	彈性 IP 配置 ID	(自動生成)	

● **子網路**欄位：選擇要哪個公有子網路建立 NAT 閘道。

● **彈性 IP 配置 ID** 欄位：指定欲分配給 NAT 閘道的彈性 IP。做法有 2 種，一種是選擇預先建立且尚未使用的彈性 IP，另一種則是在建立 NAT 閘道時 (後述)，點擊「**配置彈性 IP**」的按鈕，自動生成彈性 IP。本書選擇第二種做法。

 NOTE

有一點很重要的是，即便您日後將 NAT 閘道刪除，已產生的彈性 IP 還是會被保留下來，意思是這些彈性 IP 即使您沒在用，也會被收取使用費。因此刪除 NAT 閘道後，請「務必」記得釋出 (release) 自動生成的彈性 IP。釋出 IP 的方式請參閱附錄 A 的說明。

4.4.3 建立 NAT 閘道

看完設定後, 接下來就使用 AWS 主控台來建立 NAT 閘道吧!

首先從 VPC 的儀表板開啟「**NAT 網關 (NAT gateways)**」的畫面, 並點擊「**建立 NAT 閘道 (Create NAT gateway)**」的按鈕:

▲ 開始建立 NAT 閘道

開啟「**建立 NAT 閘道 (Create NAT gateway)**」畫面後, 在「**NAT 閘道設定 (NAT gateway settings)**」中, 依照前面表格的內容進行設定:

VPC > **NAT 閘道** > 建立 NAT 閘道

建立 NAT 閘道 資訊

一種高可用性的受管網路位址轉譯 (NAT) 服務, 私有子網與其他 VPC、內部部署網路或網際網路連線。

NAT 閘道設定

名稱 - 選用
建立標籤, 其中金鑰為 'Name' 和您指定的值。

> sample-ngw-01

名稱的長度上限為 256 個字元。

子網路
選取要建立 NAT 閘道的子網路。

> 選取子網路 ▼

連線類型
為 NAT 閘道選取連線類型。

● 公有
○ 私有

1 設定內容

彈性 IP 配置 ID 資訊
將彈性 IP 地址指派給 NAT 閘道。

> 選取彈性 IP ▼   配置彈性 IP

2 點擊以自動建立彈性 IP

▲ NAT 閘道設定

　　此畫面下方的「**標籤 (Tags)**」區，只要您在上面指定了名稱標籤，此處就會自動設定出 1 個索引鍵為「Name」的標籤。我們不會變更這項設定，也不會另外輸入其他項目。設定完畢後，滾動到畫面底部，並點擊「**建立 NAT 閘道**」的按鈕：

▲ 建立 NAT 閘道

　　如此一來，NAT 閘道就建立完成。建立好的 NAT 閘道需要一段時間才會生效。請回到 NAT 閘道的畫面確認其狀態：

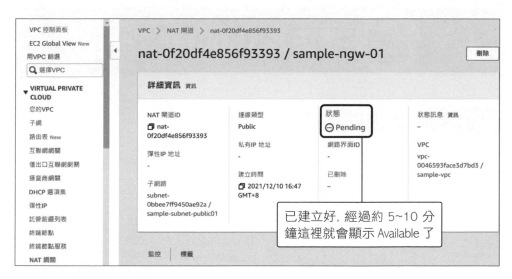

▲ 建立完成的 NAT 閘道

接著，請重複以上步驟在另一個公有子網路上建立另 1 個 NAT 閘道：

▲ 建立完成的 2 個 NAT 閘道

SAVING MONEY
省錢大作戰！小編幫你精算 AWS 費用

如果您完成上圖的操作，就表示正付費使用 NAT 閘道以及彈性 IP 功能囉，若想停止付費，請參閱附錄 A 的說明將相關功能刪除 (停用)。

4.5  路由表 (Router Table)

4.5.1 認識路由表

現在 VPC 上已經建立好子網路，讓資源有可以佈建的地方，同時也建立好 IGW 及 NAT 閘道，讓資源擁有與 Internet 通訊的出入口。但目前為止，子網路與子網路之間，以及子網路及各閘道之間，仍未建立出通訊路徑 (可以想像成網路中的道路)，這一切就要靠路由表 (Router Table) 了：

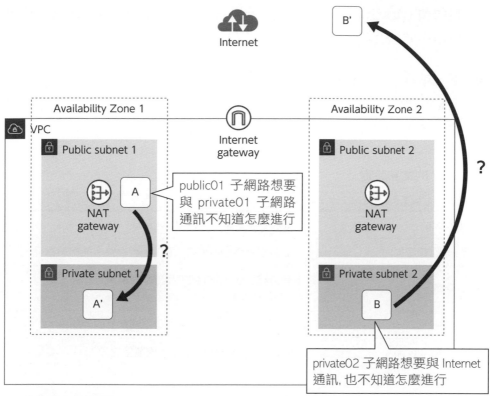

▲ 沒有路由表的情況

　　路由表 (Route Table) 主要用來設定子網路之間的通訊路徑, 例如 「要連接到 ○○ (目的地) 時, 請選擇 ○○ (下一站目標) 這條路徑」。

　　雖說每一個子網路都要設定一張路由表, 但同一張路由表可供多個子網路一起用, 例如底下是 public01 和 public02 公有子網路所共用的路由表:

▼ 路由表的資訊 (範例)

所屬子網路	Public Subnet 1, Public Subnet 2	
目的地	下一站目標	用途
10.0.0.0/16	Local	VPC 內的其他資源
0.0.0.0/0	Internet Gateway (IGW)	其餘通訊目的地

● **目的地 (Destination)**：要通訊的目的地, 可設為特定的 IP 位址, 也可以使用 CIDR 表示法來指定 1 個範圍。

● **下一站目標 (Target)**：指的是要經過何處來抵達目的地 (編註：AWS 上是稱為 Target, 譯成「目標」, 意思並不是太明確, 稱做下一站目標、或下一站會好懂些)。下表是常見的幾種 Target 設定：

▼ Target 的常見設定

下一站目標 (Target)	設定時機
本地 (Local)	想存取位於同一 VPC 中之資源
網際網路閘道 (Internet Gateway)	公有子網路中的資源, 想與網際網路上的伺服器通訊
NAT 閘道	建立在私有子網路中的資源, 想與網際網路上之伺服器通訊
VPN 閘道	通訊對象為 VPN 連接之專用網路上的伺服器
VPC 互連 (peering)	通訊對象為其他已建立互連關係之 VPC 上的資源

回憶一下 4.2 節的內容, 我們在 2 個 Available Zone (可用區域) 當中, 各自建立了公有與私有 2 種子網路, 因此總共有 4 個子網路。每個子網路都必須建立路由表, 底下是我們準備要建立的路由表：

● **公有路由表**：公有子網路 1、2 (Public subnet 1、2) 共用。

● **私有路由表 1**：私有子網路 1 (Private subnet 1) 專用。

● **私有路由表 2**：私有子網路 2 (Private subnet 2) 專用。

4.5.2　一覽路由表的設定細節

先來確認一下本小節要建立的路由表吧，3 個路由表的內容如下：

▼ 路由表的指定 (目的地 / 下一站目標) 與設定項目

	欄位	設定值			
公有子網路共用	名稱標籤	sample-rt-public			
		子類別	**對象**	**項目**	**名稱**
		路由	Local	目的地	10.0.0.0/16
				下一站目標	Local
			外部	目的地	0.0.0.0/0
				下一站目標	sample-igw
		子網路	公有子網路	子網路 ID	sample-subnet-public01
					sample-subnet-public02
私有子網路 1 專用	名稱標籤	sample-rt-private01			
		子類別	**對象**	**項目**	**名稱**
		路由	Local	目的地	10.0.0.0/16
				下一站目標	Local
			外部	目的地	0.0.0.0/0
				下一站目標	sample-ngw-01
		子網路	私有子網路 1	子網路 ID	sample-subnet-private01

接下頁

私有 子網路 2 專用	名稱標籤	sample-rt-private02			
		子類別	**對象**	**項目**	**名稱**
		路由	Local	目的地	10.0.0.0/16
				下一站目標	Local
			外部	目的地	0.0.0.0/0
				下一站目標	sample-ngw-02
		子網路	私有子網路 2	子網路 ID	sample-subnet-private02

當以上 3 張路由表規劃完成後，我們的網路架構就會依下表的規則進行通訊：

▼ 路由表的使用方式

通訊內容	說明
從 A 到 A′ 的通訊	• 由於資源 A 位於 Public Subnet 1 內，因此使用公有路由表 (右頁 ❶)。 • 由於資源 A′ 位在 VPC 內，因此視為 Local 目標存取。
從 B 到 X 的通訊	• 由於資源 B 位於 Private Subnet 1 內，因此使用 Private Subnet 1 專用的路由表 (右頁 ❷)。 • 由於資源 X 位於 VPC 外 (網際網路)，因此透過 NAT 閘道 1 存取。
從 C 到 X 的通訊	• 由於資源 C 位於 Private Subnet 2 內，因此使用 Private Subnet 2 專用的路由表 (右頁 ❸)。 • 由於資源 X 在 VPC 外 (網際網路)，因此透過 NAT 閘道 2 存取。

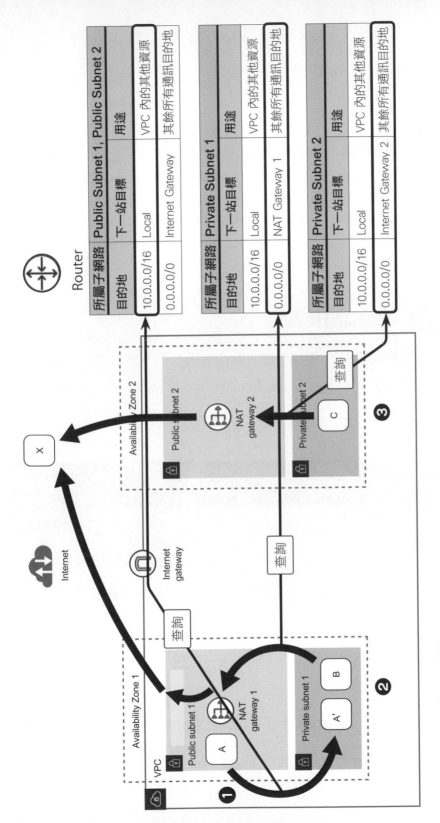

4

所屬子網路	Public Subnet 1, Public Subnet 2	
目的地	下一站目標	用途
10.0.0.0/16	Local	VPC 內的其他資源
0.0.0.0/0	Internet Gateway	其餘所有通訊目的地

所屬子網路	Private Subnet 1	
目的地	下一站目標	用途
10.0.0.0/16	Local	VPC 內的其他資源
0.0.0.0/0	NAT Gateway 1	其餘所有通訊目的地

所屬子網路	Private Subnet 2	
目的地	下一站目標	用途
10.0.0.0/16	Local	VPC 內的其他資源
0.0.0.0/0	Internet Gateway 2	其餘所有通訊目的地

▲ 根據路由表的指引來通訊

4-37

如此規劃下，VPC 內外的資源就可以進行通訊了。

 NOTE

路由表是在路由器 (Router) 中設定

一般在規劃網路時都是在路由器 (Router) 中設定路由表。上圖我們也放置了路由器 (Router) 慣用的 ✛ 圖示來表示路由表是記錄在這裡。但由於在 AWS 上建立路由表時，便會自動生成相當於路由器的元件，因此不需要特地建立出路由器。

4.5.3 建立路由表

接下來就使用 AWS 主控台建立路由表吧！首先從 VPC 的儀表板開啟「**路由表 (Route tables)**」的畫面，並點擊「**建立路由表 (Create route table)**」的按鈕：

▲ 建立路由表

⬡ 建立 Public subnet 1、Public subnet 2 共用的路由表

我們先從公有路由表建立起。開啟「**建立路由表 (Create route table)**」的畫面後，依照 4-35 頁的介紹進行設定。

- **名稱 (Name)**：為路由表指定 1 個易於辨識的名稱, 以下要建立的是公有路由表, 因此輸入「sample-rt-public」。

- **VPC**：指定欲設定路由表之子網路所在的 VPC。以下選擇 4.1.3 小節建立的 VPC (sample-vpc)。

設定完成後, 點擊「**建立路由表 (Create route table)**」的按鈕：

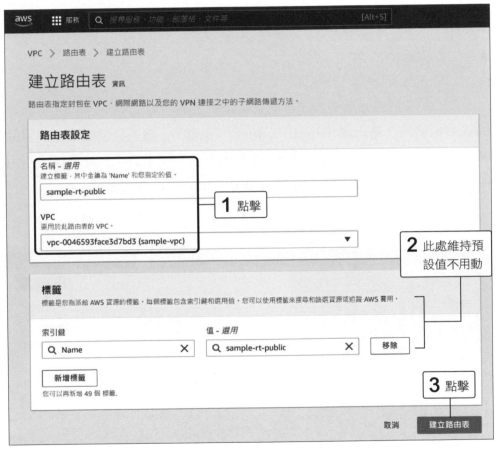

▲ 建立路由表

▲ 建立完成的路由表

還沒結束喔！接著要設定這個公有路由表的內容。首先，再次從 VPC 的儀表板開啟「**路由表 (Route tables)**」的畫面，應該會看到剛才建立的路由表。請**勾選**欲設定的路由表，就會出現幾個設定頁次。請選擇「**路由 (Routes)**」頁次，並點擊「**編輯路由 (Edit routes)**」的按鈕：

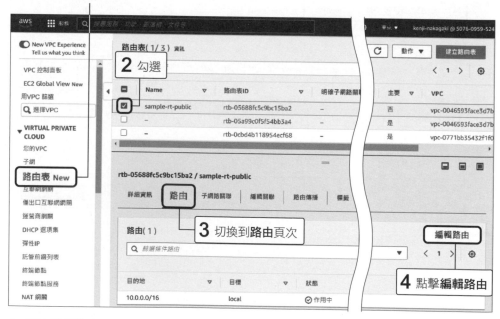

▲ 開始編輯路由

　　之後就會開啟用來指定「目的地 (Destination)」和「下一站目標 (Target)」的畫面了。請對照一下 4-35 頁的表格, 可以看到第一項「**當目的地為 VPC 內其他資源 (10.0.0.0/16) 時, 以 local 為下一站目標**」目前已經自動設定好了, 因此這裡只要再新增另一項「**其餘目的地 (0.0.0.0/0) 都以 IGW 為下一站目標**」設定即可。

　　在下圖中, 請點擊「**新增路由 (Add route)**」按鈕新增空白列, 接著在「**目的地 (Destination)**」中輸入 "0.0.0.0/0", 並在「**目標 (Target)**」中選擇 4.4.3 節所建立的 IGW。新增完畢後, 點擊「**儲存變更 (Save changes)**」的按鈕：

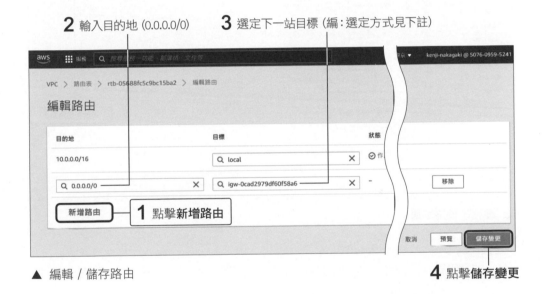

▲ 編輯 / 儲存路由

> ⭐**編註**　在上圖中,「目標 (Target)」的下拉式選單裡並不會直接顯示先前所建立的網際網路閘道 (IGW)。有 2 種做法, 一種是點擊選項中的「**網際網路閘道 (Internet Gateway)**」, 接著就可以選定開頭為「igw-」的 IGW；另一種則是手動輸入 "igw-", 也會顯示 IGW 讓您選取。
>
> 如果沒有出現可以選取的項目, 請確認已完成 4.3 節的操作喔！

接著看一下 4-35 頁的表格，下一步需指定路由表所屬的子網路。請選擇「**子網路關聯 (Subnet associations)**」頁次，並點擊「**編輯子網路關聯 (Edit subnet associations)**」的按鈕：

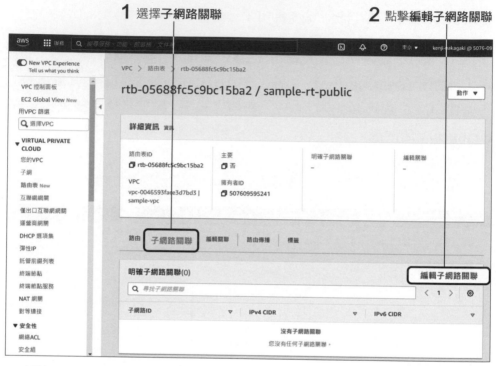

▲ 編輯子網路關聯

在下圖中，為路由表指定所屬的子網路。此步驟可以一次指定多個子網路。由於剛建立好的公有路由表需要與 sample-subnet-public01 (10.0.0.0/20) 及 sample-subnet-public02 (10.0.16.0/20) 建立關聯，因此請勾選這 2 個子網路。勾選好後，點擊「**儲存關聯 (Save associations)**」按鈕：

1 勾選兩個子網路

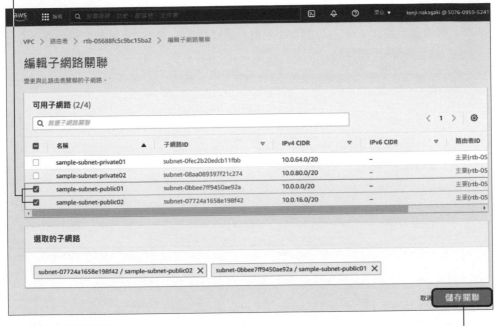

▲ 編輯子網路關聯

2 點擊**儲存關聯**

如此一來, 公有路由表就設定完成了。

建立兩個私有子網路用的路由表

接著我們還需要建立兩張「私有子網路專用」的路由表。請依 4-35 頁、4-36 頁的表格, 以同樣的步驟, 也就是先建立、後編輯, 建立出這兩張路由表。

提醒一下, 在 4-35頁、4-36 頁的表格中, 第 1 張私有路由表要設定**「其餘目的地 (0.0.0.0/0) 都以 sample-ngw-01 為下一站目標」**, 第 2 張私有路由表要設定**「其餘目的地 (0.0.0.0/0) 都以 sample-ngw-02 為下一站目標」**, 兩張路由表的主要差異在這裡。

> ★ **編註** 在設定「目標 (Target)」時, 您可能會發現沒有項目可以選定, 兩個做法：可以先選擇「**NAT閘道（NAT Gateway）**」, 再從選單中挑選對應的目標。或是直接輸入「nat-」, 就會出現目標讓您選定。當然, 前提是您得完成 4.4 節的 NAT 閘道喔 (需付費)！

私有路由表

▲ 建立完成的路由表

4.6 安全群組 (Security group)

4.6.1 認識安全群組

我們已經在 VPC 上建立好各種資源 (VPC、閘道、路由表…) 了, 但目前的狀態其實還是可以透過 Internet 進行存取, 為了保護 VPC 內的資源, 我們必須控制來自外部的存取, 這裡我們來介紹**安全群組 (security group)** 功能。

安全群組功能主要透過以下 2 種方法來控制外部的存取：

● 第一個方法是用**連接埠號碼 (port number)** 來控制, 可以指定欲提供的服務類型, 常見的指定埠號包括用於存取網路服務的 port 80 (HTTP) 和 port 443 (HTTPS), 以及用於連接伺服器以進行維護的 port 22 (SSH) 等。見下圖的 ➔ 路線。

● 第二個方法是透過 **IP 位址**來控制, 可以指定哪些來源端 (source) 的 IP 才能存取。通常在公司或學校等內部網路, 也會限制能連接網際網路的 IP 位址, 方法是一樣的。見下圖的 ∙∙∙▶ 路線。

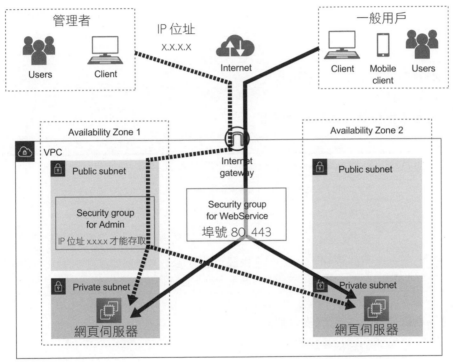

▲ 安全群組

 NOTE

> ### 另一種存取控制機制：網路存取控制清單 (網路 ACL)
>
> 另外還有一種「網路存取控制清單 (Network Access Control List)」功能也是同樣的用途, 設定方式更為簡單, 但以本書介紹的網路規模來說, 用安全群組功能來進行存取控制並不會太複雜, 因此本書就不介紹網路 ACL 了。

4.6.2 先一覽設定細節

先確認一下本小節要建立的安全群組功能設定吧！我們要建立的安全群組為以下兩種：

- 用來當作「連接所有資源之入口」的**堡壘伺服器 (bastion server)**。這個主要設計給**管理員**用, 以免有心人士攻擊系統 (將於第 5 章解說)。

- 用來分散請求 (request) 與處理 (processing) 的**負載平衡器 (load balancer)**, 這個主要設計給一**般使用者**用, 以免流量大時網站塞車 (將於第 7 章解說)。

兩者的設定項目如底下所示：

▼ 做為堡壘伺服器之用的安全群組

欄位	設定值	說明
安全群組名稱	sample-sg-bastion	安全群組的名稱
描述	for bastion server	簡單說明用途
VPC	sample-vpc	指定要在哪裡 VPC 建立安全群組
傳入規則	類型：SSH 來源：0.0.0.0/0 描述：ssh for bastion	**類型**：允許外部連接之連接埠號碼或通訊協定 **來源**：指定的是允許外部連接之 IP 位址。0.0.0.0/0 表示允許來自任何位址之存取

▼ 做為負載平衡器之用的安全群組

欄位	設定值	說明
安全群組名稱	sample-sg-elb	安全群組的名稱
描述	for load balancer	簡單說明用途
VPC	sample-vpc	指定要在哪裡 VPC 建立安全群組
傳入規則	類型：HTTP 來源：0.0.0.0/0 描述：http for elb 類型：HTTPS 來源：0.0.0.0/0 描述：https for elb	**類型**：指定的是允許外部連接之連接埠號碼或通訊協定 **來源**：指定的是允許外部連接之 IP 位址。0.0.0.0/0 允許來自任何位址之存取

4.6.3　建立安全群組

接下來, 就用 AWS 主控台來建立安全群組吧!

首先從 VPC 的儀表板開啟「**安全組 (Security Groups)**」的畫面, 並點擊「**建立安全群組 (Create security group)**」的按鈕:

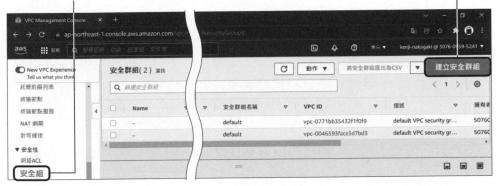

▲ 開始建立安全群組

　　接著在右圖中輸入安全群組的設定, 請依照前一頁的表格進行設定:

依前一頁的表格進行設定

這裡請選定 4.1 節建立好的 sample-vpc

▲ 基本詳細資訊

繼續往下，可以看到「**傳入規則**」設定區。請點擊「**新增規則 (Add rule)**」按鈕新增一組設定，依 4.6.2 節的表格進行設定：

1 點擊**新增規則**

2 進行設定

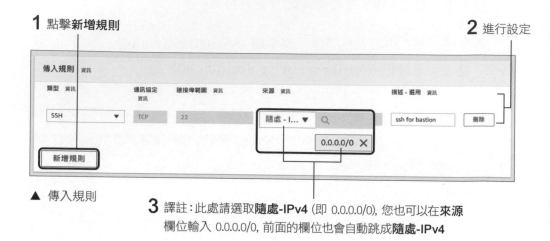

▲ 傳入規則

3 譯註：此處請選取**隨處-IPv4** (即 0.0.0.0/0)，您也可以在**來源**欄位輸入 0.0.0.0/0，前面的欄位也會自動跳成**隨處-IPv4**

此畫面再往下還有「**傳出規則 (Outbound rules)**」與「**標籤 (Tags)**」的部分，這些不用設定。

設定完畢之後，滾動到畫面底部，並點擊「**建立安全群組 (Create security group)**」即可：

▲ 建立安全群組

點擊**建立安全群組**

如此一來，VPC 中的堡壘伺服器用 (bastion server) 安全群組就建立完成了。

▲ 建立完成的安全群組

不過除了堡壘伺服器用的安全群組之外，我們還需要再建立一個負載平衡器用的安全群組。請依 4-46 頁的表格，以相同的步驟將其建立完成：

▲ 建立完成的兩個安全群組

如此一來，所有與 VPC 有關的設定就都完成了。

NOTE

網路 ACL 與安全群組的差別

前面提到, 除了安全群組之外, 也可以用網路 ACL 的技術來做存取控制。本書
雖然不會提到網路 ACL, 以下簡單區分兩者的差異供您參考。

- **安全群組：** 可以針對資源 (EC2、負載平衡器、RDS 等) 設定。

- **網路 ACL：** 可針對子網路做設定, 意即適用於該子網路中的所有資源, 可套
  用的範圍較大。

實務上可以利用這些差異, 以網路 ACL 及安全群組制定出「2 階段」的存取控
制, 利用網路 ACL 針對安全群組在設定上的遺漏進行防護。不過這樣等於是將
存取控制分為兩處管理, 操作起來稍微麻煩了點。

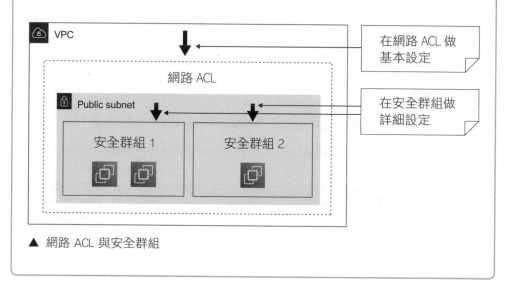

▲ 網路 ACL 與安全群組

第 **5** 章

建立堡壘伺服器 - 使用 EC2 服務

第 4 章已將網路架構建立完成, 接下來就可以開始佈建各種伺服器資源了, 為了減少佈建好的資源有被滲透 (penetration) 的風險, 我們將從建立一個堡壘伺服器 (bastion server) 開始, 確保在安全的情況下進行後續其他資源的佈建。

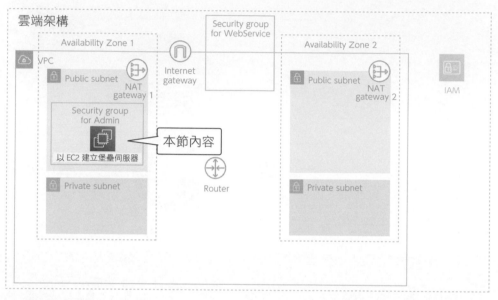

▲ 第 5 章要佈建的資源

　　當我們在 AWS 網路上建立好各種資源之後, 管理者會經常需要從外部連線到這些資源以進行設定, 連線到資源是少數管理員才能執行的操作, 但要對所有資源一一進行存取控制, 不僅相當費事, 也很容易遺漏設定。

　　常見的做法是建立一個堡壘 (bastion) 伺服器, 用它做為連線至各資源的唯一入口, 因此堡壘伺服器就是一種中繼伺服器 (relay server) 的作用, 從下圖可以清楚看出其用途:

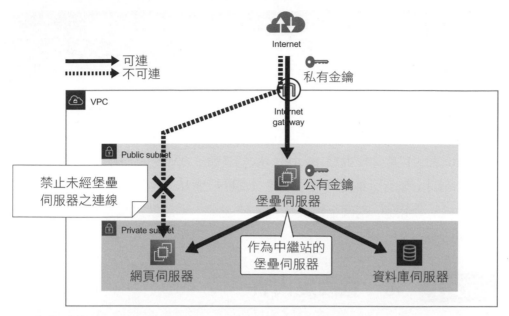

▲ 堡壘伺服器

　　在這裡我們要利用著名的 **Amazon EC2** 來建立堡壘伺服器, EC2 全名為 Elastic Compute Cloud (彈性雲端運算服務), 英文名稱中有 2 個字是 C 開頭, 因此簡稱為 EC2。簡單來說 EC2 是一種虛擬伺服器, 具備 CPU、記憶體與磁碟等, 可安裝 Linux 或 Windows 等作業系統。

 NOTE

EC2 執行個體 (instance)

在 EC2 中建立的每一個資源 (如這裡準備要建立的堡壘伺服器), AWS 都將其稱為一個 **EC2 執行個體 (EC2 instance)** (編：instance 是物件導向程式語言的用語, 即實際建構出來的物件, AWS 上我們會看到不少專有名詞, 看久應該就會熟悉了)。

　　這裡要建立的堡壘伺服器只是做為指定資源的中繼路徑, 並無其他用途, 因此規格低一點也無所謂, 對於作業系統也沒有特殊要求。不過根據作業系統的不同, 連線至堡壘伺服器或其他伺服器的方法會有所不同, 後續實際要連線時再來說明。

5.2 先建立 SSH 連線所需的金鑰

本書中各種伺服器都是以 Linux 建立, 會使用 SSH 遠端控制協定來連線。管理者要使用 SSH 連線到堡壘伺服器時, 要先準備私有金鑰 (private key) 及公有金鑰 (public key) (編：AWS 上將兩者稱為**金鑰對 (key pair)**), 公有金鑰是存在 AWS 上頭的, 而私有金鑰由管理者存在電腦上, 連線時要用到, 兩個金鑰要吻合才能連線。本節就先來建立 SSH 連線需要的金鑰。

5.2.1 先一覽設定內容

建立金鑰對時, 必須設定的項目如下：

▼ 金鑰的設定項目

欄位	設定值	說明
名稱	個人姓名 (例：nakagaki)	用於 SSH 連線之金鑰名稱
檔案格式	Pem	SSH 連線方式

針對**名稱**欄位, 回憶一下, 前幾章中介紹的 VPC、閘道等資源都是以「sample-xxx」的規則命名, 但金鑰對基本上屬於管理者的, 因此筆者習慣用操作者的名字來命名。

另一個**檔案格式**欄位則取決於管理者在電腦上以哪個 SSH 連線工具來操作。在 Windows 10 之前的 Windows 作業系統中, 使用較廣泛的是 PUTTY 這套免費工具, 其支援的金鑰檔格式為 *.ppk。而在 Windows 10、Mac 與 Linux 等作業系統中, 則可透過終端機直接下 ssh 命令, 其支援的金鑰檔格式為 *.pem。

本書範例是在 Windows 10 中使用 ssh 指令與 AWS 上的伺服器連線, 因此設定時會選擇 pem 格式。

5.2.2　開始建立金鑰

接下來就開始建立金鑰吧！

首先，從 AWS 主控台左上角的「**Services (服務)**」選單中點擊「**運算 (Compute) → EC2**」，或者直接在 Services 的右邊搜尋 EC2，都可以開啟 EC2 的儀表板。接著點開左側「**金鑰對 (Key pairs)**」後，並點擊「**建立金鑰對 (Create key pair)**」的按鈕：

1 點擊**金鑰對**　　　　　　　　　　　**2** 點擊**建立金鑰對**

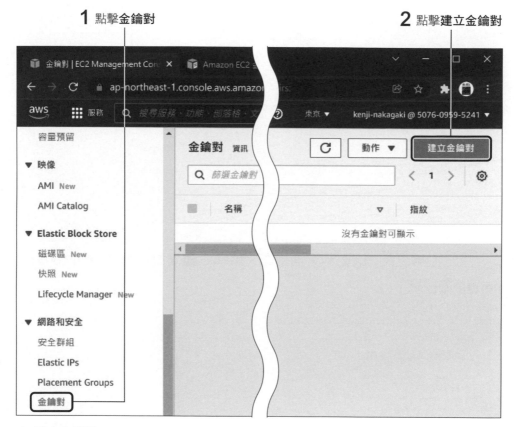

▲　建立金鑰對

接著依前一小節的說明設定金鑰對的名稱、類型及檔案格式：

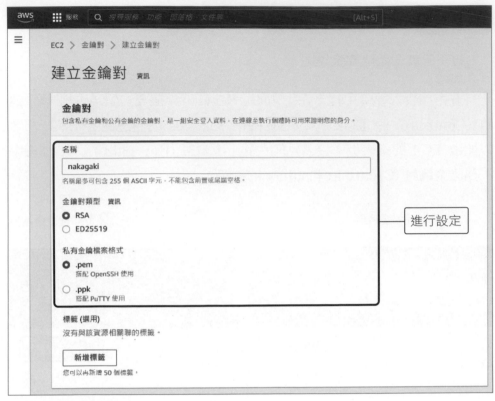

▲ 設定金鑰對的資訊

設定完畢之後, 滾動到畫面底部, 點擊「**建立金鑰對 (Create key pair)**」的按鈕：

▲ 建立金鑰對

　　如此一來, 金鑰對就建立完成了。此時將出現下載私有金鑰的畫面, 一般來說應該會自動下載 *.pem 私有金鑰檔：

▲ 建立完成的金鑰對

　　若您不慎刪除下載到的私有金鑰, 則須在 AWS 網站重新建立金鑰對 (編：先前的舊金鑰就作廢), 因此請好好保存該檔案。

5.3 建立堡壘伺服器

金鑰對建立完成後, 接下來就可以開始建立堡壘伺服器了!

5.3.1 先一覽設定內容

我們會將堡壘伺服器建立成 EC2 執行個體, 下表為設定項目內不採用預設值的部分:

▼ EC2 執行個體的設定項目

欄位	設定值		說明
Amazon Machine Image (AMI)	Amazon Linux 2 AMI (HVM) - Kernel 4.14, SSD Volume Type		安裝在 EC2 執行個體上的作業系統
執行個體類型	t2.micro		EC2 執行個體的硬體規格
網路	sample-vpc		欲在其上建立 EC2 執行個體之 VPC
子網路	sample-subnet-public01		欲在其上建立 EC2 執行個體之子網路
自動指派公有 IP	啟用 (Enable)		指派公有 IP 給 EC2 執行個體的方式
標籤	Name	sample-ec2-bastion	EC2 執行個體的名稱
安全群組	default		適用於 EC2 執行個體的安全群組
	sample-sg-bastion		

> **★編註** 以上一些比較陌生的欄位 (例如 EC2 執行個體類型) 後續會一一介紹。

5.3.2　開始建立 EC2 執行個體

接下來就開始建立 EC2 執行個體吧！首先從 EC2 的儀表板開啟「**執行個體 (Instances)**」的畫面，並點擊「**啟動新執行個體 (Launch instances)**」按鈕：

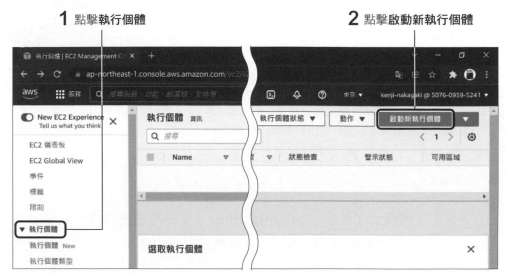

▲ 開始建立 EC2 執行個體

接下來就一步步按照前一頁的表格進行設定。

◉ Step 1：選擇 AMI 映像檔

首先要選擇 AMI (Amazon Machine Image) 映像檔，AMI 當中已含作業系統與中介軟體等，可快速建立含有作業系統與中介軟體的 EC2 執行個體，省卻逐一安裝的麻煩。

點擊畫面左側的「**快速入門 (Quick Start)**」可看到 AWS 推薦的幾款 AMI。此處選擇「**Amazon Linux 2 AMI (HVM) - Kernel 4.14, SSD Volume Type**」。Amazon Linux 2 為 AWS 所提供的 EC2 專用 Linux 發行版。

▲ 選擇 AMI

　　AWS 上頭提供了許多 AMI 可以使用 (大部分都是要付費的), 可以透過上圖左側的頁次來搜尋各種 AMI, 下表是各頁次的意義：

▼ AMI 選擇項目一覽

頁次名稱	說明
我的 AMI (My AMIs)	已建立之 EC2 執行個體的備份 (由使用者自行建立備份)
AWS Marketplace	於 AWS 註冊之第三方企業 (如微軟、RedHat) 所製作的 AMI
社群 AMI (Community AMIs)	由志願者所建立的 AMI

　　AWS Marketplace 與社群 AMI 上頭, 有許多 AMI 除了作業系統外也已安裝了網頁伺服器等中介軟體, 日後有需要可以多加利用。

Step 2：執行個體類型

　　接著選擇 EC2 執行個體的類型, 指的就是 CPU、記憶體、儲存裝置、網路頻寬的配置。前面提到堡壘伺服器本身除了作為路徑之外, 並無其他功能, 因此選擇費用最低的類型即可, 這裡是使用免費的 t2.micro：

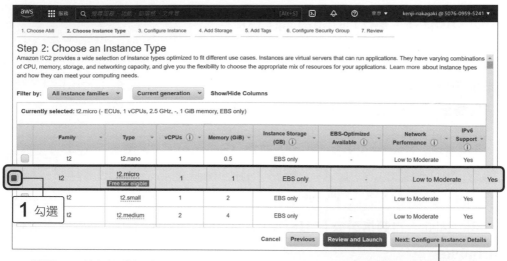

▲ 選擇 EC2 執行個體類型

2 點擊這裡繼續設定細節

提醒一下，上圖右下角是要點擊「**下一步：設定執行個體詳細資訊** (Next: Configure Instance Details)」按鈕，請注意不要點到左邊的「**檢閱和啟動 (Review and Launch)**」的按鈕，這樣會直接跳到最終確認畫面，讓後續的設定都套用預設值，我們還得設定其他項目因此請稍微留意一下。

NOTE

AWS 提供的 EC2 硬體規格是用 t2、M1 這樣的代號來區別，關於各 EC2 執行個體類型的資訊可參考以下網頁：

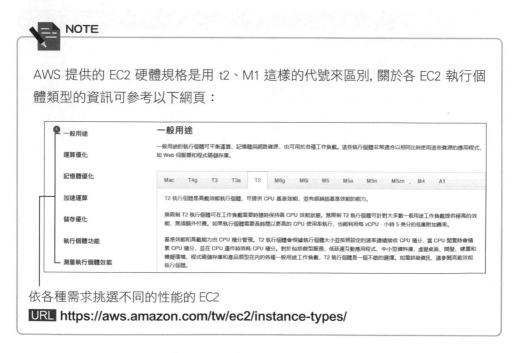

依各種需求挑選不同的性能的 EC2

URL https://aws.amazon.com/tw/ec2/instance-types/

⬡ Step 3：執行個體詳細資訊

接下來要設定 EC2 執行個體的詳細資訊。設定項目不少，但此處只需變更 5-8 頁表格所列的「**網路 (Network)**」、「**子網路 (Subnet)**」及「**自動指派公有 IP (Auto-assign Public IP)**」等 3 項即可。

「**網路 (Network)**」與「**子網路 (Subnet)**」需選擇欲在其上建立 EC2 執行個體的 VPC 與子網路。由於堡壘伺服器必須能夠從外部存取，因此要建立在公有子網路上。此外，為了從外部存取，也必須指派公有 IP，因此「**自動指派公有 IP (Auto-assign Public IP)**」需選擇「**啟動 (Enable)**」。

選擇完畢之後，點擊「**下一步：新增儲存裝置 (Next: Add Storage)**」的按鈕：

▲ 設定 EC2 詳細資訊

Step 4：儲存裝置 (Storage)

接著設定儲存裝置, 這是指派給 EC2 執行個體的磁碟。此處維持初始值即可, 請直接點擊「**下一步：新增標籤 (Next: Add Tags)**」的按鈕：

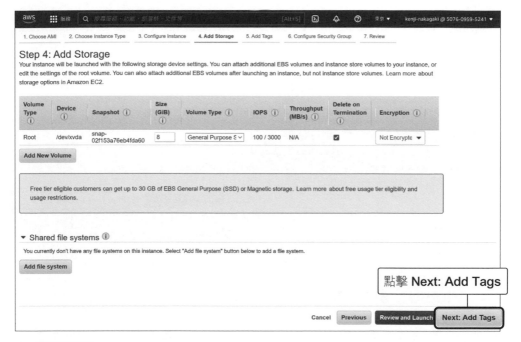

▲ 新增儲存體

Step 5：標籤 (tag)

接下來要設定的是標籤 (tag)。標籤對執行個體的動作或性能完全沒有影響, 但是在建立了大量的 EC2 執行個體之後, 很容易就會搞混各執行個體的用途, 因此我們會利用標籤來辨識各執行個體。若執行個體的數量不多, 則以名稱辨識即可。請點擊「**新增標籤 (Add tag)**」, 並分別於鍵 (Key) 與值 (Value) 中輸入 "Name" 與 EC2 執行個體之名稱 "sample-ec2-bastion"。

輸入完畢之後，點擊「**下一步：設定安全群組 (Next: Configure Security Group)**」的按鈕：

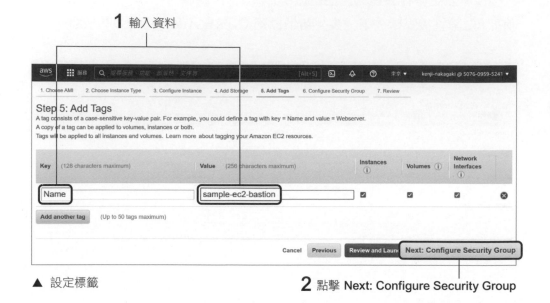

▲ 設定標籤

⬡ Step 6：安全群組

接下來要設定安全群組 (Security Goup)。一般來說，安全群組會事先針對不同的用途建立好，要用到時再挑選出來套用。回憶一下第 4 章我們已經先建好堡壘伺服器要設定的 sample-sg-bastion 安全群組，這裡就會用到。

本次堡壘伺服器要設定的 2 個安全群組，如下表所示：

▼ 安全群組的設定

安全群組	說明
default	允許來自 VPC 內所有資源的通訊
sample-sg-bastion	允許任何來自外部的 SSH 通訊

這裡要讀入第 4 章建立的安全群組, 因此請點選「**選取現有安全群組 (Select an existing security group)**」, 並從中選擇「default」與「sample-sg-bastion」。

選擇完畢之後, 點擊「**檢閱和啟動 (Review and Launch)**」的按鈕：

1 點選 Select an existing security group

▲ 設定安全群組　　　　　　　　　　　　　　**3** 點擊 Review and Launch 按鈕

 NOTE

VPC 內伺服器之間的安全性

說到管控伺服器的安全性, 有基礎網路知識的讀者可能聽過 **DMZ (DeMilitarized Zone, 非軍事區)** 的功能, DMZ 是連對外開放的伺服器 (如網頁伺服器) 與隱藏於內部的伺服器 (如資料庫伺服器) 之間的通訊, 都會加以限制。但本書中除了堡壘伺服器之外, 所有伺服器都會建立在私有子網路內, 因此不會另外建立 DMZ。

(◉) Step 7：檢閱 (review)

最後是檢視前幾個步驟的設定內容：

這裡的警告訊息見底下說明

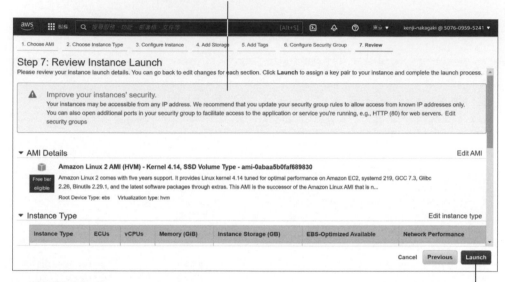

▲ 檢閱設定內容

沒問題的話直接點擊 Launch

在上圖中, 讀者可能會對畫面上方對於 EC2 安全性的警告訊息感到有點不安。之所以會出現此訊息, 是因為堡壘伺服器雖然已限制只能以 SSH 搭配金鑰來存取, 但實際上所有來自外部的 IP 都允許存取。若想限制只有特定 IP 位址才能存取堡壘伺服器, 則只要在安全群組的「傳入規則」中新增限制 IP 位址 (於第 4 章提過), 上圖的警告訊息就會消失。

這裡我們並未限制連端端的 IP 位址, 因此檢閱完所有內容後, 直接點擊「啟動 (Launch)」按鈕。

NOTE

本書不限制「特定 IP 才能連線到堡壘伺服器」的原因

筆者之所以未對存取堡壘伺服器的 IP 位址多加限制, 只是因為撰稿時所使用的
ISP 業者沒有提供固定的公有 IP。若各位有在使用固定公有 IP, 則在前一章建
立安全群組時, 可以限制只有特定固定 IP 才能連線到堡壘伺服器, 這樣就會更
安全。

　　點擊上圖的「**啟動 (Launch)**」按鈕之後, 會開啟一個選擇金鑰的對話
方塊。由於 5.2 節已經建立好金鑰, 因此指定「**選擇現有金鑰對 (Choose
an existing key pair)**」, 並選取 5.2.2 節建立的金鑰。之後先勾選下方
的核取方塊, 再點擊「**啟動執行個體 (Launch Instances)**」的按鈕:

1 選擇此項

Select an existing key pair or create a new key pair　　✕

A key pair consists of a **public key** that AWS stores, and a **private key file** that you store. Together, they
allow you to connect to your instance securely. For Windows AMIs, the private key file is required to
obtain the password used to log into your instance. For Linux AMIs, the private key file allows you to
securely SSH into your instance. Amazon EC2 supports ED25519 and RSA key pair types.

2 確認指定之前建立的金鑰名稱 (**編註**:
這裡會直接指定 5.2 節所建立的金鑰
名稱, 若您有建立不同的金鑰對, 請記
得:這裡的公鑰指定什麼, 待會連線時
就得用相同的私鑰來連線)

Note: The selected key pair will be added to the set of keys
about removing existing key pairs from a public AMI.

Choose an existing key pair ——
Select a key pair
nakagaki | RSA ——

☑ I acknowledge that I have access to the correspond
file, I won't be able to log into my instance.

Cancel　**Launch Instances**

▲ 選擇 SSH 連線使用的金鑰對　　　　**3** 點擊 Launch Instances 按鈕

　　以上就是 EC2 執行個體所有的建立步驟。接下來只要稍等幾分鐘,
EC2 執行個體就會建立完成:

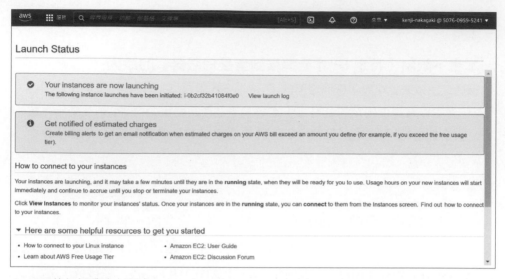

Launch Status

✓ Your instances are now launching
The following instance launches have been initiated: i-0b2cf32b41084f0e0   View launch log

ⓘ Get notified of estimated charges
Create billing alerts to get an email notification when estimated charges on your AWS bill exceed an amount you define (for example, if you exceed the free usage tier).

How to connect to your instances

Your instances are launching, and it may take a few minutes until they are in the **running** state, when they will be ready for you to use. Usage hours on your new instances will start immediately and continue to accrue until you stop or terminate your instances.

Click **View Instances** to monitor your instances' status. Once your instances are in the **running** state, you can **connect** to them from the Instances screen. Find out how to connect to your instances.

▼ Here are some helpful resources to get you started

• How to connect to your Linux instance   • Amazon EC2: User Guide
• Learn about AWS Free Usage Tier   • Amazon EC2: Discussion Forum

▲ EC2 執行個體建立完成

5.4　確認連線是否正常

　　建立好 EC2 執行個體後, 就可以使用 SSH 進行連線檢查。Windows 10 已內建 PowerShell 這套可執行 ssh 指令的工具, 因此以下將使用此方式檢查連線。

 NOTE

在 Windows 10 之前的版本中使用 SSH 連線

在 Windows 10 之前的 Windows 作業系統中, 可另外安裝 PUTTY 這套工具來連線:

▼ PUTTY
URL https://www.chiark.greenend.org.uk/~sgtatham/putty/latest.html

5.4.1　連線檢查的步驟

🔹 準備連線到堡壘伺服器

首先啟動 PowerShell, 可利用 Windows 的搜尋功能來找到：

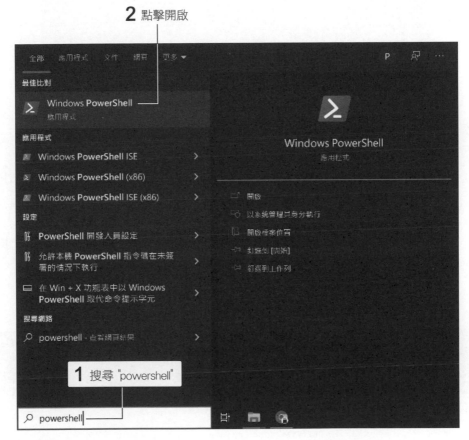

▲ 開啟 PowerShell

　　一般來說, SSH 連線所需要的檔案都習慣存放在一個 .ssh 目錄中, 因此接下來我們先在電腦上建立一個 .ssh 資料夾 **❶**, 再將先前下載的私有金鑰複製到 .ssh 資料夾當中 **❷**。此例我們的私有金鑰檔名為「nakagaki. pem」, 最後置於 C:\Windows 的「Downloads」資料夾當中：

🅞 使用 ssh 命令連線

接著就可以使用 ssh 指令來連線了。連線時需要的使用者與連線 IP，可在 AWS 網站的 EC2 儀表板上得知。

請先在 EC2 的儀表板中點擊剛建立好的執行個體，開啟摘要畫面。接著點擊上方的「**連線 (Connect)**」按鈕：

開啟 EC2 執行個體後，點擊 **連線**

▲ 查詢 EC2 執行個體的連線資訊

接著就會顯示用來連線到 EC2 執行個體的使用者名稱與連線 IP：

▲ EC2 執行個體連線資訊

底下就試著以 ssh 指令連線到堡壘伺服器：

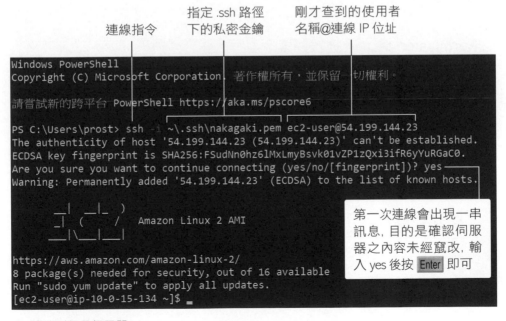

▲ 連線到堡壘伺服器

看到下圖就表示連線成功了。若想中斷與堡壘伺服器的連線，可輸入 logout 或 exit 指令，或按下 Ctrl + D 鍵即可：

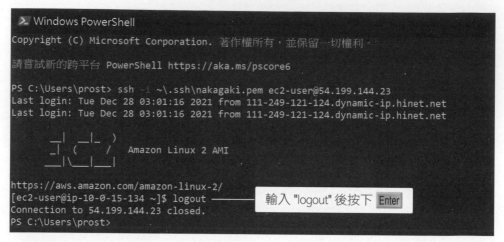

▲ 中斷連線

如此一來，堡壘伺服器的連線檢查就完成了。

 NOTE

Permission denied 連線錯誤？

若確定金鑰沒問題，但連線時卻出現「Permission denied (存取被拒)」的錯誤，可以嘗試以下兩種解決方式。

- **解決方式 1**

  將 pem 金鑰檔改放在 C:\Users\ (使用者名稱) 資料夾試試 (編註：原本是在 (使用者名稱) \ .ssh 資料夾)，如此一來，連線指令內的金鑰路徑要記得更改：

  修改金鑰位置

  執行結果

  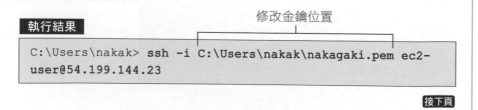

接下頁

- **解決方式 2**

在執行 ssh 連線指令前, 先試著執行以下指令：

> 編註：除了上一頁的黑色視窗外, 本書只要是灰色底的「執行結果」, 都表示是在 Powershell 內執行

執行結果

```
C:\Users\nakak> $path = ".ssh\nakagaki.pem"
C:\Users\nakak> icacls.exe $path /reset
C:\Users\nakak> icacls.exe $path /GRANT:R 接下行
"$($env:USERNAME):(R)"
C:\Users\nakak> icacls.exe $path /inheritance:r
```

COLUMN

洩漏存取金鑰造成的損害

我們在第 3 章中曾經刪除根使用者的存取金鑰, 並藉此說明存取金鑰的重要性, 其實不只根使用者的金鑰, 任何存取金鑰只要洩漏就有可能產生嚴重的問題。因此以下提一下 EC2 的存取金鑰可能會如何洩漏, 以及萬一洩漏時該如何處理。

由於存取金鑰為系統運作的必要資訊, 通常都會和程式一起儲存在伺服器上, 即使伺服器本身有完善的保護, 還是有可能會發生「程式設計師將存取金鑰推送至 GitHub 等程式碼管理系統的 repository (儲存庫)」或「嵌入至智慧型手機的應用程式中」等情形。如此一來, 即使雲端基礎設施的負責人為伺服器做好了保護, 存取金鑰還是因此洩漏。

近幾年有許多以非法手段獲取存取金鑰的人, 目的在於盜用 AWS 帳戶的資源, 建立出 EC2 執行個體來進行比特幣等虛擬貨幣的挖礦 (mining) 行為, 這將導致您一個月平白無故數十萬～數百萬元的使用費。

因此, 一旦發現帳戶有異常情形 (編：例如費用增加異常, 可以用 Root 使用者登入後, 到畫面右上角的**帳單**儀表板檢查), 甚至存取金鑰洩漏了, 請先將其刪除, 再將無故啟動的資源也一併刪除。雖然有往例是 AWS 免除了受害者的費用, 但這並不是通例, 最保險的做法還是確保存取金鑰絕對不會洩漏。

接下頁

為避免程式設計師無意間將存取金鑰交由程式碼管理工具管理, 或將其作為資源嵌入至應用程式當中, 請務必好好留意以上提到的風險。此外也推薦使用 AWS 提供的「git-secrets」工具, 它可以防止使用者將類似存取金鑰的東西推送至 GitHub 等的儲存庫當中, 這部分有需要再請自行研究囉!

▼ git-secrets
URL https://github.com/awslabs/git-secrets

SAVING MONEY
省錢大作戰!小編幫你精算 AWS 費用

本章我們學會用 EC2 執行個體來建立伺服器, 雖然 5-11 頁我們所選用的是「免費」的 EC2 執行個體, 照理說, 若本書就只建立這麼一個 EC2, 每月應該都會在免費範圍時數內, 但後面的第 6、7 章我們還會各再建立一個 EC2, 因此本書編輯過程中, 每月均會收到 EC2 的使用費。

依小編觀察每月 AWS 帳單, 這 3 個 EC2 建好後, 每月的使用費約略會是在 10～15 美元之間。當然, 如果您參考附錄 A 的說明, 在不用的時候將其刪除或停用, 費用就可變少, 不過由於第 7 章之後會頻繁用到 EC2, 因此若經常刪除再重建, 會稍微麻煩一點, 以上經驗供讀者參考。

第 **6** 章

建立網頁伺服器 -
使用 EC2 服務

前面所介紹的都是偏底層的基礎設施, 本章開始要佈建實際執行 Web 應用程式的相關資源了, 先從網頁伺服器介紹起吧!

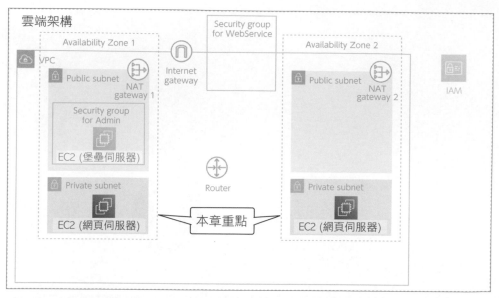

▲ 第 6 章要佈建的資源

網頁伺服器 (Web server) 大家應該都不陌生, 它會接收來自於瀏覽器等應用程式的請求 (request), 並傳回 (response) 內容。傳回的內容有可能是純 HTML 網頁, 也可能是以 PHP 等程式所執行的結果 (例如搜尋結果):

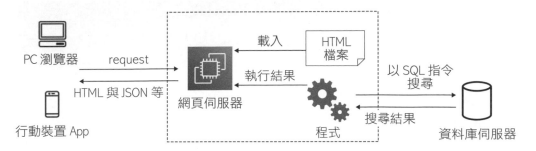

 網頁伺服器的作用

　　若要自行架設網頁伺服器, 最常見是以 Apache 伺服器 + PHP 或 Ruby on Rails 等框架 (framework) 來搭建, 在 AWS 上不用這麼麻煩, 直接用 Amazon EC2 就可以快速建立。

> **NOTE**
>
> ### 無伺服器運算 (serverless computing)
>
> **無伺服器 (serverless)** 是一種可降低執行和管理複雜度的軟體開發架構, 很多微服務 (microservice, AWS 網站上稱「微型服務」) 都會利用這種技術來建構, 在 AWS 上可以用「Lambda」的服務來傳回 HTML 或 JSON 的資料, 但本書不會介紹到無伺服器運算以及微服務, 有興趣的讀者請參考 AWS 線上「解決方案 (Solutions)」的「無伺服器運算 (Serverless Computing)」使用案例。
>
> ▼ 無伺服器運算－不同使用案例的雲端解決方案 | AWS
> `URL` https://aws.amazon.com/tw/serverless/?nc1=h_ls

6.2 建立網頁伺服器

接下來就開始建立網頁伺服器吧！步驟跟前一章的堡壘伺服器相同：先建好公 / 私金鑰對 (Key pairs), 再建立 EC2 執行個體來連線。金鑰對方面可以跟堡壘伺服器所用的一樣, 這裡我們就延用, 不再建立新的金鑰了。

6.2.1 先一覽設定內容

下表為 EC2 執行個體主要設定項目：

▼ EC2 執行個體的設定項目

欄位		設定值	說明
Amazon Machine Image (AMI)		Amazon Linux 2 AMI (HVM) - Kernel 4.14, SSD Volume Type	安裝在 EC2 執行個體上的作業系統
執行個體類型		t2.micro	硬體規格
網路		sample-vpc	要在哪個 VPC 建立
子網路		**網頁伺服器 01** sample-subnet-private01 **網頁伺服器 02** sample-subnet-private02	要在哪個子網路建立
自動指派公有 IP		停用 (Disable)	指派公有 IP 給 EC2 執行個體的方式
標籤	Name	**網頁伺服器 01** sample-ec2-web01 **網頁伺服器 02** sample-ec2-web02	EC2 執行個體的名稱
安全群組		default	適用於 EC2 執行個體的安全群組

　　本章將在兩個私有子網路各建立 1 台網頁伺服器, 兩台伺服器者的差別只有名稱、子網路位置不同。

6.2.2　與堡壘伺服器的比較

　　建立網頁伺服器之前, 我們先大致了解它跟前一章堡壘伺服器的差異：

● 堡壘伺服器是**系統管理員**需要連線設定各種資源時才會用到的中繼站, 因此硬體規格不用太講究, 而網頁伺服器是提供給**廣大使用者**連線用的, 硬體規格就得視需要做提升。

● 堡壘伺服器可從網際網路直接連線, 而網頁伺服器的話, 使用者看似是直接連線, 但實際上是透過負載平衡器 (將於第 7 章說明) 間接連線。

　　這些差異也造成了設定的差異, 如下表所示：

▼ 堡壘伺服器與網頁伺服器的比較

項目	堡壘伺服器	網頁伺服器
執行個體類型	最低規格	符合使用者數量的適當規格
子網路	公有子網路	私有子網路
自動指派公有 IP	必要	非必要
安全群組	預設 + SSH 連線	預設

　　要特別說明的是, 以上設定代表網頁伺服器完全無法從外部存取, 乍看之下讀者可能會納悶, 一般使用者是否無法透過瀏覽器從網際網路進行瀏覽？但其實第 7 章會介紹的負載平衡器可以暫時接收來自於瀏覽器的 request, 再轉給網頁伺服器。因此由網頁伺服器的角度來看, 所有 request 均會來自同一個 VPC 內的負載平衡器, 這也是為何即使建置在私有子網站內, 網頁伺服器也可以對外運作的原因。

6.2.3 EC2 執行個體的建立流程

接下來就開始建立 EC2 執行個體吧！建立流程基本上與第 5 章建立堡壘伺服器相同。

首先，從 AWS 主控台畫面左上角的「Services (服務)」右側搜尋 "EC2" 以開啟 EC2 的儀表板。接著點開「執行個體 (Instances)」的畫面，並點擊「啟動新執行個體 (Launch instances)」的按鈕：

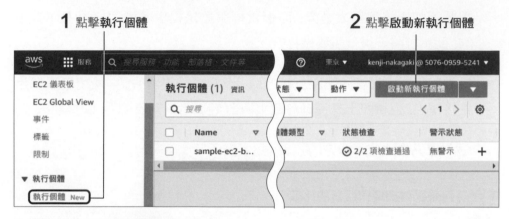

▲ 開始建立 EC2 執行個體

接下來就一步步進行設定。

(◈) Step 1：選擇 AMI 映像檔

AMI 選擇與堡壘伺服器相同的 Amazon Linux 2 (Kernel 4.14)：

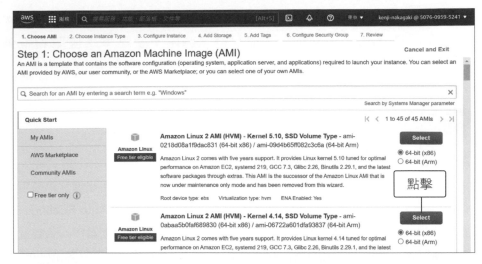

▲ 選擇 AMI

Step 2：選擇執行個體類型

接著選擇 EC2 執行個體的類型。網頁伺服器的規格主要取決於使用者的連線數量, 做法上可以先預想使用者數量, 經測試後若不夠 (例：連線很慢) 再往上升, 可以彈性調整正是使用 AWS 的優勢。由於本書範例沒有太多要從外部連線的使用者, 只用於自己測試, 因此準備 2 台 t2.micro 規格就好：

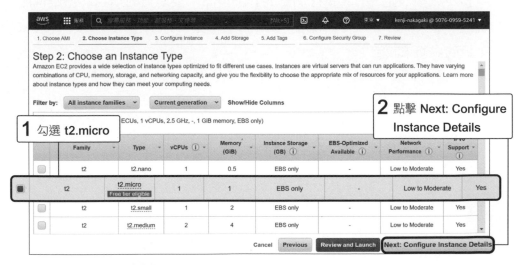

▲ 選擇 EC2 執行個體類型

選擇完畢後，點擊「下一步：**設定執行個體詳細資訊** (Next: Configure Instance Details)」的按鈕，請記得上圖中不要點擊「**檢閱和啟動** (Review and Launch)」的按鈕，避免後續所有設定皆維持預設值。

NOTE

Amazon EC2 Auto Scaling

本書介紹的是手動設定所需數量及規格的方法，AWS 也有提供可根據實際使用情形自動啟動或終止 EC2 執行個體的服務，稱為 **Amazon EC2 Auto Scaling**。此功能很方便，但需具備 EC2 以外的知識，因此本書未用於範例當中。若各位在從事實際工作時，預期到外部的存取次數會在短時間內有大幅度的增減，也不妨研究看看 Auto Scaling。

▼ Amazon EC2 Auto Scaling
URL https://aws.amazon.com/tw/ec2/autoscaling/

Step 3：設定執行個體詳細資訊

接下來要設定 EC2 執行個體的詳細資訊。要變更的項目與堡壘伺服器相同，為「網路」、「子網路」與「自動指派公有 IP」等 3 項，這裡依 6-4 頁的表格來設定：

▲ 設定 EC2 執行個體詳細資訊

2 點擊 Next: Add Storage 按鈕

　　在上圖中,「網路」與「子網路」需選擇欲在其上建立 EC2 執行個體的 VPC 與子網路。由於網頁伺服器必須無法從外部直接存取,因此建立於**私有 (Private)** 子網路上, 這也表示不需要使用公有 IP, 因此「自動指派公有 IP」就選擇**停用 (Disable)**。

　　變更完畢之後, 點擊「**下一步:新增儲存裝置 (Next: Add Storage)**」的按鈕。

Step 4:儲存裝置 (Storage)

　　接著設定新增儲存裝置。一般網頁伺服器會儲存於磁碟上的資訊, 包括網頁伺服器等的中介軟體、程式以及指定期間內的存取 log 等。當中並沒有會持續增加的龐大檔案, 因此依照事先預估的容量建立即可。由於本節建立的只是範例, 就不動預設值了, 請直接點擊「**下一步:新增標籤 (Next: Add Tags)**」按鈕:

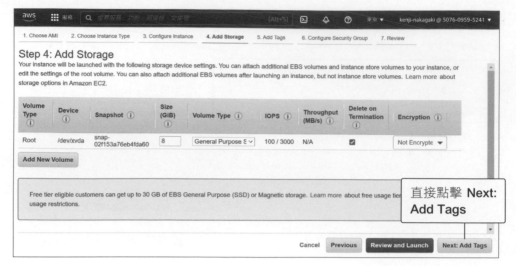

▲ 新增儲存裝置

(◉) Step 5：標籤

接下來要設定標籤。與建立堡壘伺服器相同，標籤只是用於辨識執行個體之資訊。請分別於鍵 (Key) 與值 (Value) 輸入「Name」與 EC2 執行個體的名稱 "sample-ec2-web01"。

輸入完畢之後，點擊「**下一步：設定安全群組 (Next: Configure Security Group)**」的按鈕：

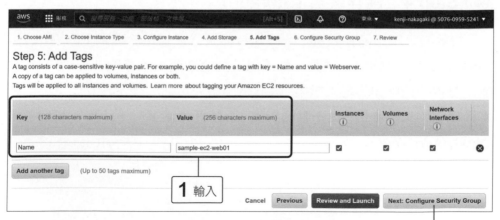

▲ 設定標籤　　　　　　　　　　　　**2** 點擊 Next: Configure Security Group

⬡ Step 6：安全群組

接下來設定安全群組。這次的網頁伺服器要設定的安全群組如下：

▼ 安全群組的設定

安全群組	說明
default	允許來自 VPC 內所有資源的通訊

2 勾選安全群組   **1** 選擇 Select an existing security group

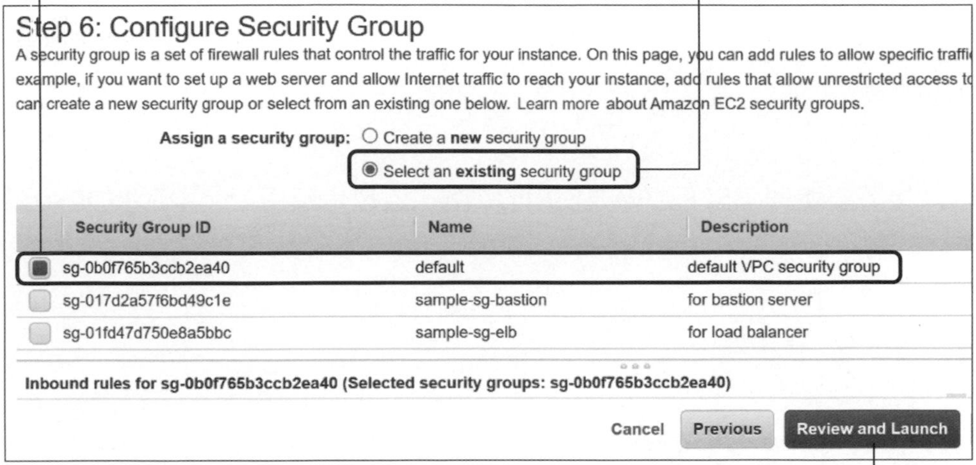

▲ 設定安全群組   **3** 點擊 Review and Launch 按鈕

選擇完畢之後，點擊「**檢閱和啟動 (Review and Launch)**」的按鈕。

⬡ Step 7：檢閱

最後檢查前幾個步驟所設定的內容，沒問題的話點擊「**啟動 (Launch)**」按鈕：

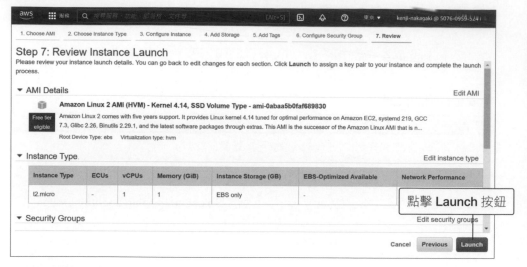

▲ 檢閱設定內容

接著要選擇 SSH 連線要使用的金鑰，這裡是延用第 5 章建立的金鑰
對：

1 選擇在 AWS 上建立好的公有金鑰

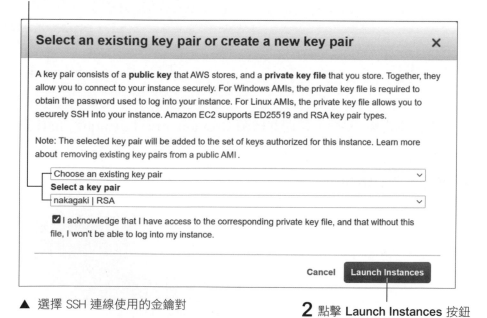

▲ 選擇 SSH 連線使用的金鑰對　　　　**2** 點擊 Launch Instances 按鈕

這樣就完成了, 接下來只要稍等幾分鐘, EC2 執行個體就會建立完成：

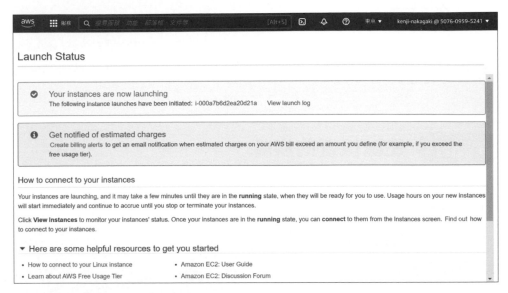

▲ EC2 執行個體 web01 建立完成

由於本書是規劃兩個 EC2 執行個體作為網頁伺服器, 互為備援, 因此建立完第 1 個 (sample-ec2-web01) 之後, **請以同樣的步驟建立出第 2 個 (sample-ec2-web02)**, 做法都一樣, 我們就不再贅述。

6.3　確認連線是否正常

建立完兩個 EC2 執行個體之後, 就可以使用 ssh 指令檢查連線了。由於網頁伺服器是架設在私有子網路上, 因此連線時需經過堡壘伺服器。正規的連線方式是先以 ssh 指令連線至堡壘伺服器 (如前一章的介紹), 再由該處同樣以 ssh 指令連線至網頁伺服器, 但這種做法有兩個麻煩的地方：

● 必須輸入兩次 ssh 命令。

- 必須將網頁伺服器的私有金鑰檔案傳送至堡壘伺服器上, 才能從堡壘伺服器連到網頁伺服器。

尤其是第 2 點提到的私有金鑰檔案, 從安全性的角度來看, 最好還是盡量避免這麼做。本節將使用 ssh 的 **multi-hop (多跳)** 連線功能來解決問題。

6.3.1 連線檢查的步驟

◉ multi-hop 連線準備工作

multi-hop 連線的設定方式是先建立一個名為 **config** (無副檔名) 的檔案, 再將設定內容填入其中, 例如您想透過 A 連到 B, 就在 config 檔寫明連線的方法。

請注意該 config 檔案需與私有金鑰檔案儲存於相同位置 (本例是放在 Windows 10 使用者資料夾內的 .ssh 資料夾)。底下為 config 檔的內容:

▼ multi-hop 連線的設定檔案 (將檔案存放路徑在 C:\User\.ssh\config)

```
Host bastion  ◄── 1-1
  Hostname 18.183.96.159  ◄── 1-2 注意:請換成您自己的
  User ec2-user                    堡壘伺服器公有 IP
  IdentityFile ~/.ssh/nakagaki.pem

Host web01  ◄── 2-1
  Hostname 10.0.77.31  ◄── 2-2 注意:請換成您自己網頁
  User ec2-user                 伺服器 01 的私有 IP
  IdentityFile ~/.ssh/nakagaki.pem
  ProxyCommand ssh.exe bastion -W %h:%p

Host web02  ◄── 3-1
  Hostname 10.0.24.60  ◄── 3-2 注意:請換成您自己網頁
  User ec2-user                 伺服器 02 的私有 IP
  IdentityFile ~/.ssh/nakagaki.pem
  ProxyCommand ssh.exe bastion -W %h:%p
```

(讀者可至下載範例檔\Ch06\6.3.1 節.txt 內複製語法來修改)

● Host：Host 後面可自由設定別名 (alias)。本節需設定的伺服器有 3 台, 分別為第 5 章建立的 1 台堡壘伺服器, 與本章建立的 2 台網頁伺服器。您可將每台堡壘伺服器與網頁伺服器設定為方便自己辨識的名稱。此例將堡壘伺服器的名稱設為「bastion」**①-1**、網頁伺服器 01 取為「web01」**②-1**、網頁伺服器 02 取為「web02」**③-1**。

★編註 這個名稱請記牢, 待會連線時會用到。

● Hostname：指定欲連線之伺服器的 IP 位址。但要注意, 此處指定的是**前一台主機連線所需要的資訊**。例如我們要先從 Win10 主機連到堡壘伺服器, 因此堡壘伺服器的 Hostname 就需指定公有 IP **①-2**。

● 而兩台網頁伺服器 (**②-2** 及 **③-2**) 是從堡壘伺服器連線過來的, 對於堡壘伺服器來說, 兩台網頁伺服器位於內部網路, 因此兩台網頁伺服器的 Hostname 需指定 VPC 內使用的私有 IP。公有 IP 和私有 IP 的資訊皆可透過 AWS 主控台, 在各自的 EC2 執行個體設定畫面中查詢：

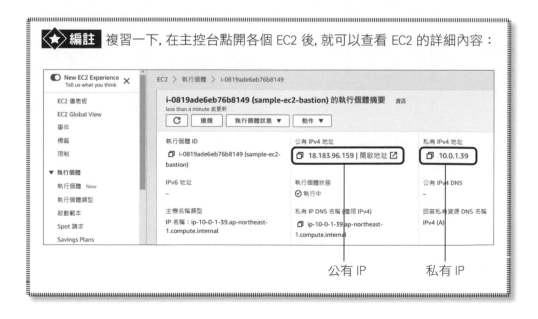

- **User**：指定連線時的使用者名稱, 預設都是 ec2-user。

- **IdentityFile**：指定私有金鑰的檔案路徑。請注意這裡要指定連線端 (編：本例就是實際輸入 ssh 指令的 Windows 10 電腦) 上的檔案路徑。此例無論是要連線至堡壘伺服器或網頁伺服器, 皆指定存於 Windows 10 電腦 C:\Users\.ssh 資料夾內的私有金鑰檔。

- **ProxyCommand**：指定連線時欲經過之堡壘伺服器的資訊, 至於堡壘伺服器本身則不需此資訊。一般來說, 此項目會依照以下慣例來設定：

<u>ssh.exe</u> 堡壘伺服器的別名 -W %h:%p
　　↑
注意：本例是用 Windows 10 電腦來連線, 若您是在 Linux 或 Mac 電腦操作, 請將 ssh.exe 改為 ssh

◉ 實際進行連線

準備工作已就緒, 接下來就可以使用 ssh 指令進行連線了。由於 config 檔案中已經設定好連線時的使用者名稱和私有金鑰檔案, 實際上的連線指令很簡單, 如下所示：

ssh 伺服器的別名　◀──　例如 ssh bastion、ssh web01、ssh web02

★ **編註** 現在知道, 有了 config 檔, 前一章 5-21 頁的連線指令 "ssh -i ～\.ssh\nakagaki.pem ec2-user@ip 位址" 直接改用 "ssh bastion" 就可以囉, 不用再寫一長串。但請確認 config 檔要擺在 .ssh 資料夾內, 不然會認不得 bastion 這個名稱。

執行結果 multi-hop 連線至網頁伺服器

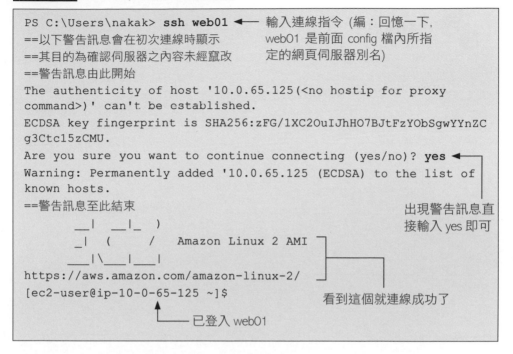

```
PS C:\Users\nakak> ssh web01 ◄── 輸入連線指令 (編：回憶一下,
==以下警告訊息會在初次連線時顯示       web01 是前面 config 檔內所指
==其目的為確認伺服器之內容未經竄改     定的網頁伺服器別名)
==警告訊息由此開始
The authenticity of host '10.0.65.125(<no hostip for proxy
command>)' can't be established.
ECDSA key fingerprint is SHA256:zFG/1XC2OuIJhHO7BJtFzYObSgwYYnZC
g3Ctc15zCMU.
Are you sure you want to continue connecting (yes/no)? yes ◄──
Warning: Permanently added '10.0.65.125 (ECDSA) to the list of
known hosts.
==警告訊息至此結束                       出現警告訊息直
     __|  __|_  )                       接輸入 yes 即可
     _|  (     /    Amazon Linux 2 AMI ┐
     ___|\___|___|                      │
https://aws.amazon.com/amazon-linux-2/  │
[ec2-user@ip-10-0-65-125 ~]$            ┘
        ▲                          看到這個就連線成功了
        └── 已登入 web01
```

如此一來, 網頁伺服器的連線檢查就完成了。

★編註 以上應該不難理解吧！由於我們已經在 config 檔做好設定, 想連線到網頁伺服器, 就會根據 config 檔的設定, 先連到堡壘伺服器, 再接續跳往網頁伺服器, 這就是 multi-hop 的做法。因此, 若您遇到連線失敗的情況, **多半是 config 檔的設定內容有問題**, 尤其是堡壘伺服器的公有 IP, 以及兩個網頁伺服器的私有 IP, 請務必換成您在 AWS 網站上所查詢到的喔 (如 6-15 頁的說明)！

第 **7** 章

建立負載平衡器 – 使用 EC2 服務

上一章我們已經用 EC2 建立網頁伺服器的執行個體，不過由於網頁伺服器是規劃在私有子網路上，無法供外部的使用者透過 Internet 連線。如同先前所提到，我們會利用一個**負載平衡器 (Load Balancer)** 做為對外的窗口，主要負責做流量控管的工作。本章就來建立這個負載平衡器。

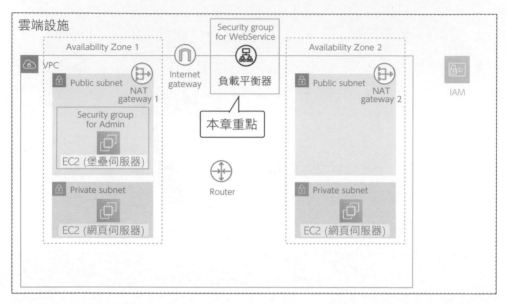

▲ 第 7 章要佈建的資源

7.1 認識負載平衡器

　　當網站的連線數達到某個程度時，光靠一台網頁伺服器很難應付所有需求，應變的作法是多準備幾台伺服器來分散流量 (這稱為 scale out (水平式擴充)，另一個做法是 scale up，即提升伺服器的性能，在此不討論)，但若只是單純增加伺服器，怎麼讓來源端的瀏覽器視情況連到新伺服器？為此管理者必須建立好分流機制，靠的就是**負載平衡器**了。

7.1.1　負載平衡器的作用

一般來說, 負載平衡器有以下 3 個作用：

❶ 分散眾多 request。

❷ 處理 SSL 加密連線。

❸ 修復請求錯誤 (bad request)。

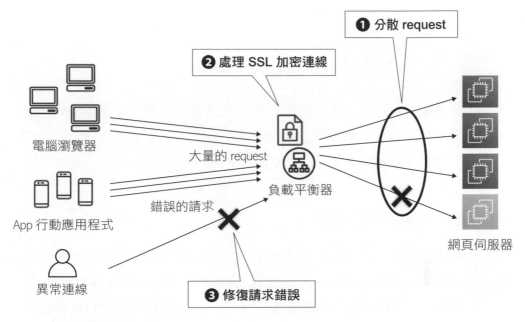

▲ 負載平衡器的作用

分散眾多 request

　　負載平衡器的基本作用就是把來自網際網路的 request 平均分散到多台網頁伺服器上, 這個動作就像我們在超商排隊時一樣：

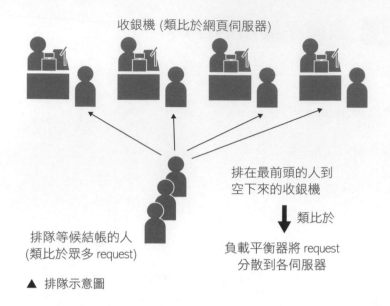

收銀機 (類比於網頁伺服器)

排在最前頭的人到
空下來的收銀機

↓ 類比於

負載平衡器將 request
分散到各伺服器

排隊等候結帳的人
(類比於眾多 request)

▲ 排隊示意圖

負載平衡器會一直不斷確認網頁伺服器的運作狀態，一旦發現某一網頁伺服器過於雍塞、或掛掉停止運作了，就不會再將 request 分到該伺服器上。等到伺服器恢復正常了，才會重新開始接收 request。

🄯 處理 SSL 加密連線

負載平衡器的第 2 個作用是處理 SSL 加密資料，從網際網路來的 request 有時會使用 HTTPS 通訊協定，像我們平常在瀏覽器輸入網址時，以「https://~」開頭的就是會使用到 SSL 的網站，此時資料封包都會被加密。但要將加密的資料解密必須經過相當複雜的運算，這個處理若交由網頁伺服器負責，有可能會帶來負擔而影響原有的性能。而負載平衡器中有一種快速處理密碼的機制，處理速度甚至快過網頁伺服器。

🄯 修復請求錯誤

負載平衡器的第 3 種作用是修復請求錯誤 (bad request)。網頁伺服器與瀏覽器互動時，除了正確的 request 外，也可能會接收到代碼為 400 的

bad request。要檢測並防止這種未經授權的 request, 也必須經過相當複雜的處理。最糟最糟還可能因為允許了錯誤的 request, 導致網頁伺服器被不肖人士接管。

　　負載平衡器擁有處理未經授權存取的機制, 在負載平衡器上專門處理, 會比一一為每台網頁伺服器準備應對方式來得有效率。

7.1.2 　AWS 提供的負載平衡器

　　AWS 的負載平衡器是由名為 ELB (Elastic Load Balancing, **彈性負載平衡**) 的服務來提供, 截稿前 ELB 提供了以下幾種負載平衡器:

● Application Load Balancer (ALB, 應用程式負載平衡器)

● Network Load Balancer (NLB, 網路負載平衡器)

● Classic Load Balancer (CLB, 經典負載平衡器)

● Gateway Load Balancer (GLB, 閘道負載平衡器)

Application Load Balancer (ALB)

　　具備高階功能, 能針對 HTTP 與 HTTPS 的存取做到分散最佳化。可處理 SSL 連線, 以及根據複雜條件切換分散的目的地。

Network Load Balancer (NLB)

　　可以支援各種通訊協定 (TCP、UDP、TLS) 的負載平衡器, 常用於線上即時遊戲 (real-time game)、及聊天這類雙向通訊的分散處理。

Gateway Load Balancer (GLB)

用於在多個虛擬設備之間分配流量。

Classic Load Balancer (CLB)

舊款負載平衡器, 幾乎不太會用了可以忽略。

由於本書是以網站為範例, 因此以下將說明 Application Load Balancer 的設定方式。**請留意, 接下來內文中的負載平衡器都是指 Application Load Balancer。**

> **NOTE**
>
> AWS 上各種負載平衡器的介紹可以參考以下網址:
>
> ▼ Elastic Load Balancing 文件
> URL https://docs.aws.amazon.com/zh_tw/elasticloadbalancing/

7.1.3 利用負載平衡器進行 HTTP request 的路由處理

設定負載平衡器前還要了解一個概念。網頁伺服器的連接埠 (port) 通常是 HTTP (port 80) 或 HTTPS (port 443), 在本書的 AWS 架構中, 由於網頁伺服器之上還有一層負載平衡器, 因此 port 80 或 port 443 的設定對象為負載平衡器, 那其下的網頁伺服器呢?實際運作時, 網頁伺服器會以 HTTP (連接埠號碼大於 1024, 後述) 為條件, 監聽來自於負載平衡器的 request。

負載平衡器會將公開的通訊協定 (HTTP、HTTPS) 與連接埠號碼 (80、443),轉換成內部網頁伺服器在監聽的通訊協定與連接埠號碼, 可視為一種針對 request 的路由 (routing) 轉換。

將 HTTPS 轉換為 HTTP 的原因, 是要利用負載平衡器取代網頁伺服器, 來處理 HTTPS 通訊的加密與解密, 前面已經提過這可以減少網頁伺服器的負擔。

至於轉換連接埠的原因, 則是要增加網頁伺服器的安全性。因為在 Linux 等作業系統當中, 若要監聽 0 ～ 1023 的連接埠號碼, 就必須由具有強力權限的 root 使用者來執行應用程式 (如 Apache 與 nginx)。萬一不幸該應用程式被惡意使用者接管, 則 root 的權限也會連帶落入惡意使用者的手中。因此一般來說, 位於負載平衡器內側的網頁伺服器, 都會使用 1024 以上的連接埠, 並由僅具備一般權限的使用者來執行應用程式。

至於這個連接埠號碼要選擇 1024 以上的多少號則看慣例。通常以 Java 為基礎應用程式的會選擇 port 8080, 而以 Ruby 語言為基礎的應用程式則會選擇 port 3000。

 NOTE

本書在建立好雲端設施之後, 會在第 13 章中部署以 Ruby 語言撰寫而成的範例應用程式, 來檢查其運作狀態, 因此連接埠號碼會選擇 3000, 待會的負載平衡器內就得設定這個。

7.2 建立負載平衡器

接下來就開始建立負載平衡器吧！

7.2.1 先一覽設定內容

下表是負載平衡器的主要設定項目：

▼ 負載平衡器的設定項目

欄位		設定值	說明
名稱		sample-elb	負載平衡器的名稱
VPC		sample-vpc	網頁伺服器所在的 VPC
Availability Zone (可用區域)		sample-subnet-public01	包含於上述 VPC 中的公有子網路
		sample-subnet-public02	
安全群組		default sample-sg-elb	為負載平衡器設定的安全群組。設定對外用與對內用 2 種
目標群組 (target group)	名稱	sample-tg	網頁伺服器所註冊的群組
	通訊協定	HTTP	網頁伺服器上接收 request 的通訊協定
	連接埠	3000	網頁伺服器上接收 request 的連接埠號碼
	已註冊目標	sample-ec2-web01	要分散 request 的伺服器
		sample-ec2-web02	

底下來說明上表幾個重要欄位。

Availability Zone (可用區域)

　　需指定負載平衡器所使用的 Availability Zone。可設定的 Availability Zone 僅限於已在第 4 章中建立子網路時所指定的。請注意，此區域必須指定**具有網際網路閘道 (IGW) 的子網路** (在本書中為公有子網路)。若指定到錯誤的子網路，外部的連線就無法透過負載平衡器連進來網頁伺服器了。

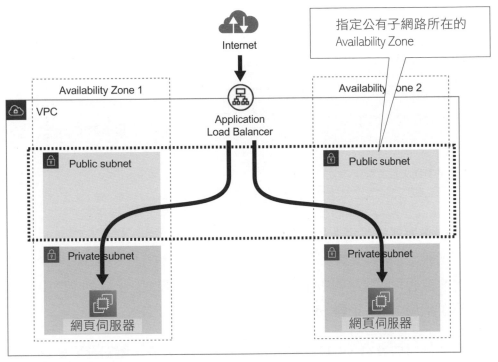

▲ 指定 Availability Zone

目標群組 (target group)

　　Application Load Balancer 中需要設定的項目，主要有負載平衡器本身，以及稱為**目標群組 (tagret group)** 的設定。

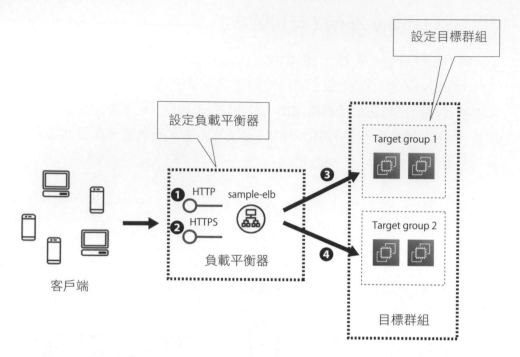

▲ 負載平衡器與目標群組

● **負載平衡器的設定 (上圖中間)**：主要是針對從網際網路存取負載平衡器的設定，例如要接收哪種通訊協定 (HTTP 或 HTTPS 等)。實際接收來自客戶端要求的功能稱為 **listener (接聽程式)**，上圖的中間處就示意了兩個 listener ❶、❷，分別為 HTTP 與 HTTPS 之用。

● **目標群組的設定 (上圖右側)**：主要是關於從負載平衡器存取網頁伺服器時的設定，例如要將 request 分散到哪個網頁伺服器上。一個負載平衡器可以指定多個目標群組，因此我們可以根據不同的條件 ❸、❹，將來自網際網路的 request 分散至不同的網頁伺服器上。

7.2.2　開始建立負載平衡器

接下來就開始正式建立負載平衡器吧！

首先，從 AWS 主控台畫面左上角的「**Services (服務)**」選單中開啟 EC2 的儀表板。接著點開「**負載平衡器 (Load Balancers)**」的畫面，並點擊「**建立負載平衡器** (Create Load Balancer)」的按鈕：

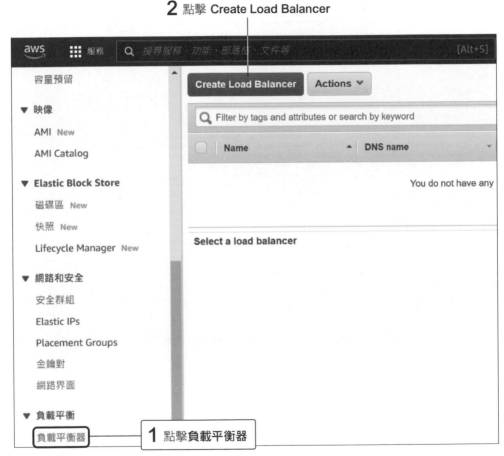

▲ 開始建立負載平衡器

　　此時畫面中會出現可選擇的負載平衡器類型。AWS 提供了多種負載平衡器可選擇，本節要建立的是針對 HTTP / HTTPS 通訊最佳化的負載平衡器，因此點擊 Application Load Balancer 的「**建立 (Create)**」按鈕：

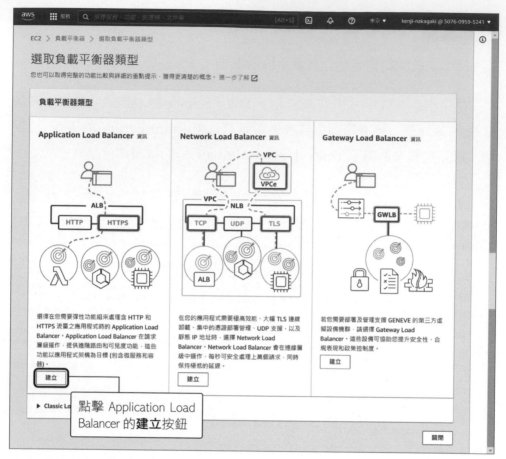

▲ 選擇負載平衡器的類型

接下來就要進入負載平衡器的設定細節了，都按照 7-8 頁的表格來設定即可。

🔵 基本組態 (Basic configuration)

首先在「**基本組態 (Basic configuration)**」中輸入負載平衡器的名稱，可自行指定一個易於識別的名稱：

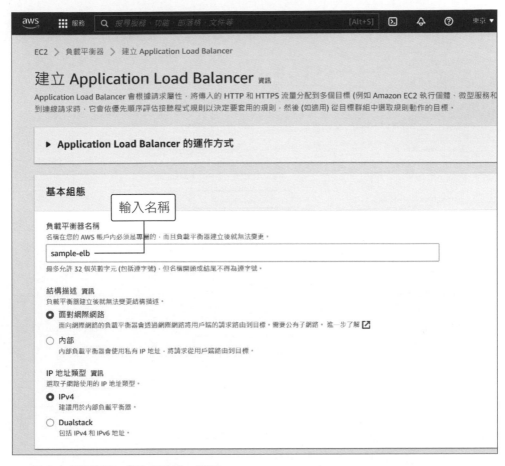

▲ 設定負載平衡器:「基本組態」畫面

◉ 網路對應 (Network mapping)

接下來在「**網路對應 (Network mapping)**」的「VPC」與「**對應 (Mappings)**」中, 分別指定 VPC 與 Availability Zone (可用區域), 這是為了讓負載平衡器連結到 VPC 所做的設定。請選擇第 4 章建立的 VPC, 而 Availability Zone 則指定在第 4 章建立的「**公有**」子網路。

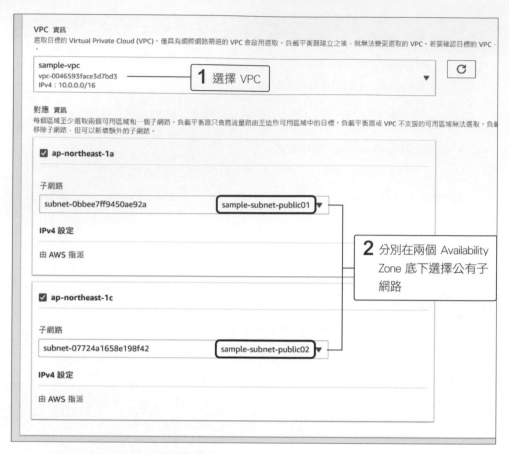

VPC 資訊
選取目標的 Virtual Private Cloud (VPC)。僅具有網際網路閘道的 VPC 會啟用選取。負載平衡器建立之後,就無法變更選取的 VPC。若要確認目標的 VPC。

sample-vpc
vpc-0046593face3d7bd3 ──── **1** 選擇 VPC
IPv4 : 10.0.0.0/16

對應 資訊
每個區域至少選取兩個可用區域和一個子網路。負載平衡器只會將流量路由至這些可用區域中的目標。負載平衡器或 VPC 不支援的可用區域無法選取。負載平衡器移除子網路,但可以新增額外的子網路。

☑ ap-northeast-1a

子網路
subnet-0bbee7ff9450ae92a   sample-subnet-public01 ▼

IPv4 設定
由 AWS 指派   **2** 分別在兩個 Availability Zone 底下選擇公有子網路

☑ ap-northeast-1c

子網路
subnet-07724a1658e198f42   sample-subnet-public02 ▼

IPv4 設定
由 AWS 指派

▲ 設定負載平衡器:「網路對應」畫面

其他設定項目皆預設為可接收網際網路的存取,都不用動。設定完成之後,請將畫面繼續往下滾動。

🔷 設定安全群組 (Security groups)

接下來設定負載平衡器的安全群組。請從選單中選擇 default 以及 4.7 節建立好的 sample-sg-elb 安全群組。

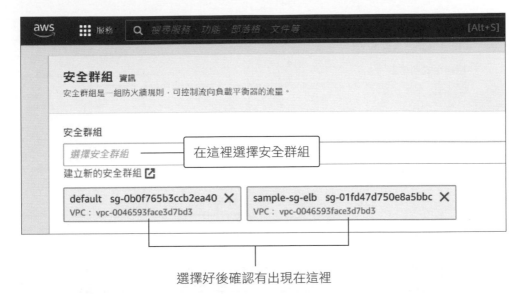

▲ 設定安全群組

回憶一下，兩個安全群組的用途如下：

▼ 為負載平衡器設定安全群組

安全群組	用途
default	讓負載平衡器存取 VPC 內的資源
sample-sg-elb	讓負載平衡器接收來自於網際網路的 HTTP / HTTPS 存取

🔷 建立目標群組步驟 1：接聽程式和路由 (Listeners and routing)

接著就是目標群組的設定，共分兩步驟。首先點擊「**建立目標群組 (Create target group)**」的連結：

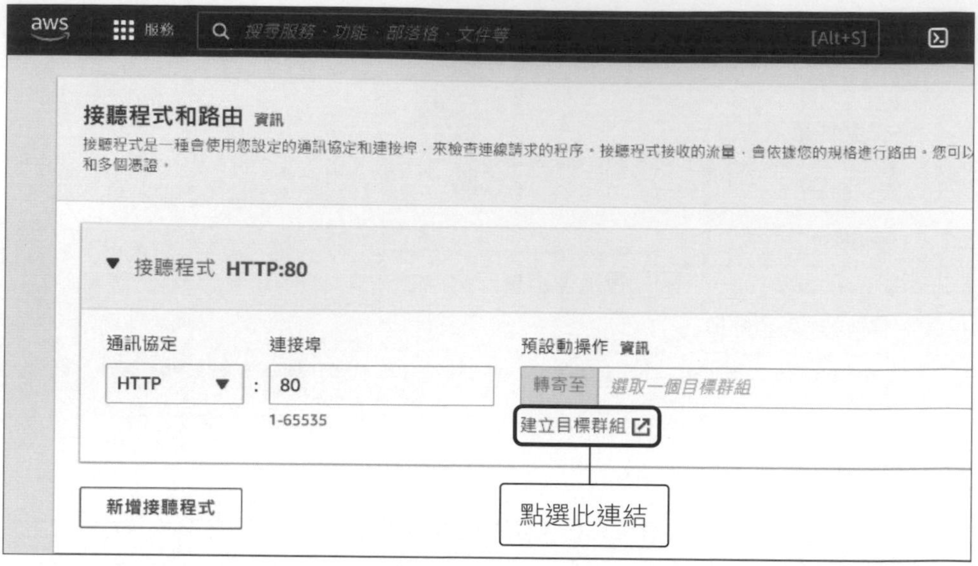

在新開啟的頁面中 (下頁圖), 請在「**目標群組名稱**」自訂一個名稱, 例如 sample-tg, 易於辨識即可。

> ◆編註 提醒一下, 現在瀏覽器上會產生另一個「目標群組」的頁次, 目前我們要改到新頁次先建好目標群組, 最後再回到原本的「負載平衡器」頁次來建立負載平衡器。

下頁圖中的「**通訊協定 (Protocol) 和連接埠 (Port)**」指的是從負載平衡器連接至網頁伺服器時所使用的通訊協定與連接埠號碼。這裡的設定可形成以下這樣的效果：「**當負載平衡器接收到來自於網際網路、連接埠號碼為 443 的 HTTPS request 時, 先將其解密、再傳送至連接埠 3000 上、通訊協定為 HTTP 的網頁伺服器**」, 這樣外部的使用者就可以連到網頁伺服器了。

本範例將通訊協定設定為「HTTP」, 連接埠號碼為「3000」：

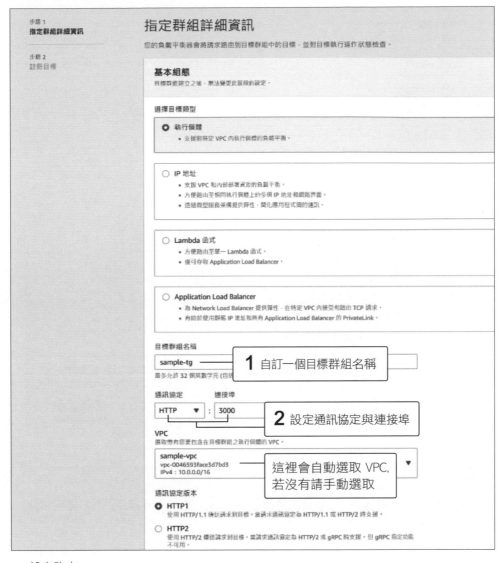

▲ 設定路由

　　往下滑看到下頁圖的「**運作狀態檢查 (Health checks)**」，是指定負載平衡器檢查網頁伺服器運作狀態時所使用的路徑。若傳送到該路徑的請求連續失敗達到指定次數，負載平衡器就會自動停止將 request 轉送至該網頁伺服器。此處保留預設值即可。

　　設定完成之後，點擊「**下一步 (Next)**」的按鈕：

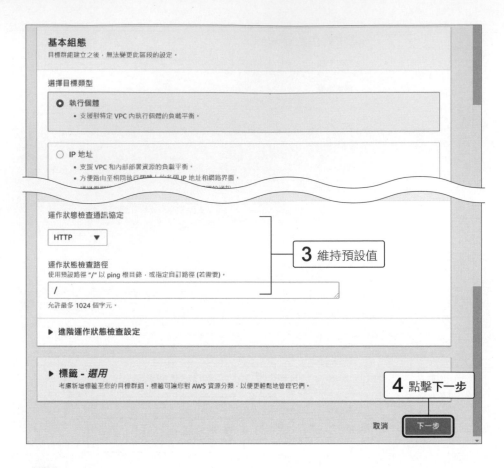

 NOTE

雖然 7-10 頁的圖提到, 一個負載平衡器可以指定多個目標群組, 但本書只會建立一個目標群組。

🔷 建立目標群組步驟 2：註冊目標

接著要選擇欲註冊至目標群組的 EC2 執行個體。在本例中指的是 sample-ec2-web01 與 sample-ec2-web02 兩個網頁伺服器。請勾選後, 點擊「**包含為下方待處理項目 (Include as pending below)**」的按鈕, 就可以將執行個體註冊到目標群組中了：

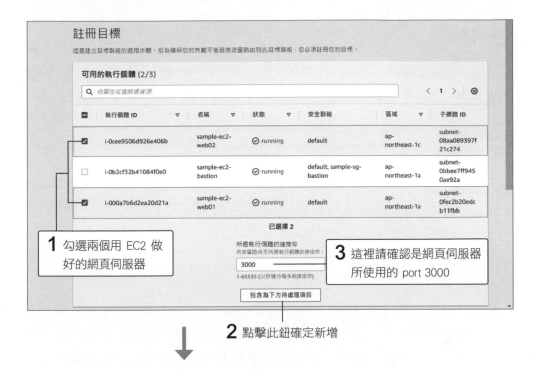

1 勾選兩個用 EC2 做好的網頁伺服器

2 點擊此鈕確定新增

3 這裡請確認是網頁伺服器所使用的 port 3000

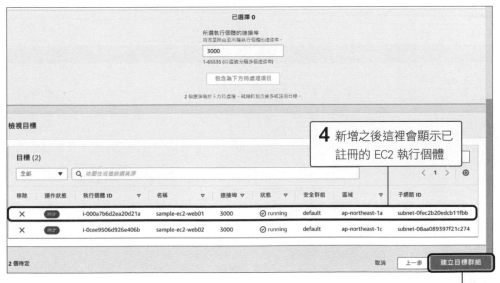

4 新增之後這裡會顯示已註冊的 EC2 執行個體

5 點擊右下的**建立目標群組**

▲ 註冊目標

檢閱

　　建好目標群組後, 現在可以回到瀏覽器原本的**負載平衡器**頁次, 在下圖的畫面中, 請點擊**重新整理**鈕, 應該就會出現剛才建立好的目標群組:

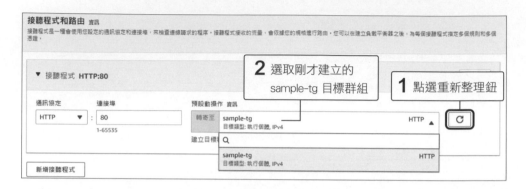

　　已經大致完成了, 接著在「**摘要 (Summary)**」中確認設定的組態, 確認無誤之後, 點擊最底下的「**建立負載平衡器 (Create load balancer)**」按鈕:

▲ 檢閱內容

如此一來, 負載平衡器就建立完成了。但正如畫面上所說的, 負載平衡器還需要再幾分鐘才會實際開始運作：

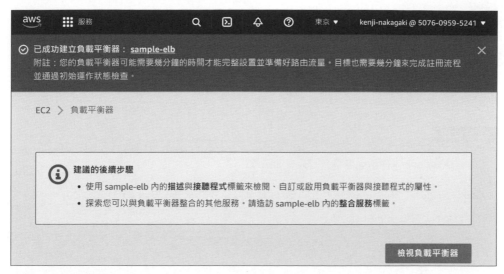

▲ 負載平衡器建立完成

7.3　確認連線是否正常

完成前一節的設定後, 本節來檢查負載平衡器是否正常運作。當負載平衡器建立後, 網頁伺服器就可以透過它間接與 Internet 連通, 因此我們就模擬使用者這端, 以瀏覽器確認連線是否正常。7.3.1 節先做一些前置準備工作, 7.3.2 節再用瀏覽器來測試。

7.3.1　連線檢查的準備工作

準備接收 HTTP request

首先要讓網頁伺服器具備接收 HTTP request 的功能, 通常這個步驟

都會安裝 Apache 或 Nginx 等 HTTP 伺服器工具, 由於本節只是要測試, 因此直接用 Amazon Linux 2 上已經內建的 Python SimpleHTTP Server 模組, 一行指令就可以架好 HTTP 伺服器。

請連續在 Windows 開始功能表搜尋並執行 PowerShell 兩次, 開啟兩個 PowerShell 視窗, 這兩個視窗分別用 SSH 連線至網頁伺服器 web01 與 web02:

執行結果

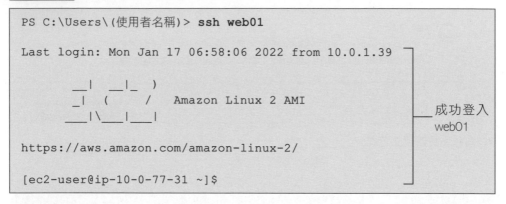

執行結果

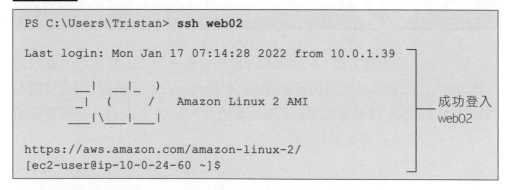

> **★編註** 若 web01、web02 的連線遇到問題, 請回頭確認前一章的內容是否都完成了。

連線至網頁伺服器後, 在兩個 web 伺服器都執行以下兩個動作:

❶ 建立 index.html 網頁內容。

❷ 以 Python 啟動 HTTP 伺服器。

> **★ 編註** web02 的 web01 的操作完全一樣, 雖說不一樣得做, 但概念上 web02 是我們的備援伺服器, 因此還是要確認一遍是否運作正常。

⑥ 1. 建立 index.html 檔案

底下以 web01 伺服器為例來操作。目前 SSH 連線完成所在的目錄, 就是 HTML 網頁要存放的目錄, 因此直接利用內建的 vim 編輯器建立一個 index.html 檔, index.html 的內容不用太複雜, 只要簡單的 hello world 即可:

▼ index.html 的內容

```
<html><body>hello world</body></html>
```

> **★ 小編補充　vim 編輯器的操作**
>
> vim 是 Linux 環境的著名文字編輯器, 底下簡單提示 vim 的使用方法:
>
>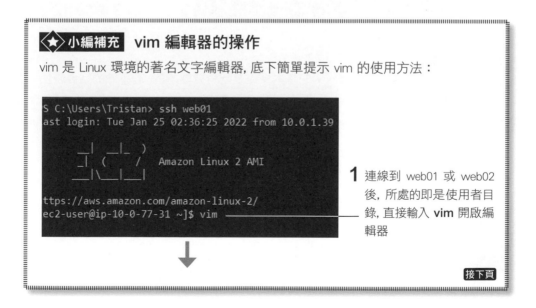
>
> **1** 連線到 web01 或 web02 後, 所處的即是使用者目錄, 直接輸入 **vim** 開啟編輯器
>
> 接下頁

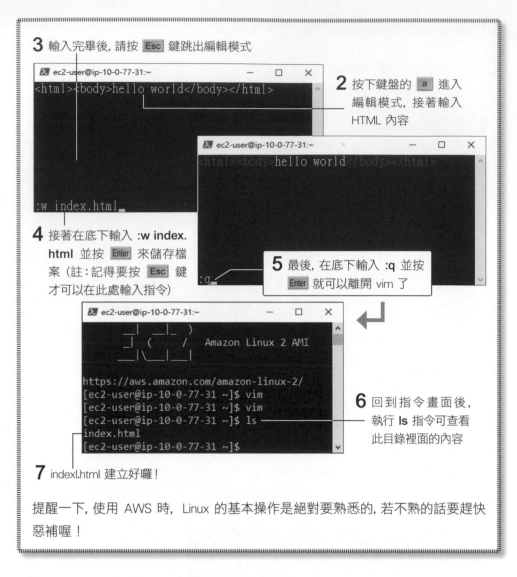

3 輸入完畢後, 請按 Esc 鍵跳出編輯模式

`<html><body>hello world</body></html>`

2 按下鍵盤的 a 進入編輯模式, 接著輸入 HTML 內容

`<html><body>hello world</body></html>`

`:w index.html`

4 接著在底下輸入 :w index. html 並按 Enter 來儲存檔案 (註:記得要按 Esc 鍵才可以在此處輸入指令)

`:q`

5 最後, 在底下輸入 :q 並按 Enter 就可以離開 vim 了

```
   _|  _|_| )
   _| (    /    Amazon Linux 2 AMI
   _|\___|___|
https://aws.amazon.com/amazon-linux-2/
[ec2-user@ip-10-0-77-31 ~]$ vim
[ec2-user@ip-10-0-77-31 ~]$ vim
[ec2-user@ip-10-0-77-31 ~]$ ls
index.html
[ec2-user@ip-10-0-77-31 ~]$
```

6 回到指令畫面後, 執行 **ls** 指令可查看此目錄裡面的內容

7 indexl.html 建立好囉!

提醒一下, 使用 AWS 時, Linux 的基本操作是絕對要熟悉的, 若不熟的話要趕快惡補喔!

🌐 2. 以 Python 啟動 HTTP 伺服器

接著如下所示指令, 於 index.html 所在的目錄, 以 Python 啟動 HTTP 伺服器:

執行指令

```
[ec2-user@]$ Python  -m  SimpleHTTPServer  3000
```

成功啟動之後, 負載平衡器將顯示定期連線檢查運作狀態的 log:

啟動 HTTP 伺服器

執行結果

```
PS C:\Users\prost> ssh web01
Last login: Wed Jan 19 03:53:57 2022 from 10.0.15.134

      __|  __|_  )
      _|  (     /    Amazon Linux 2 AMI
      ___|\___|___|

https://aws.amazon.com/amazon-linux-2/
[ec2-user@ip-10-0-65-125 ~]$ python -m SimpleHTTPServer 3000
Serving HTTP on 0.0.0.0 port 3000 ...
10.0.21.133 - - [19/Jan/2022 06:14:37] "GET / HTTP/1.1" 200 -
10.0.12.21 - - [19/Jan/2022 06:15:02] "GET / HTTP/1.1" 200 -
10.0.21.133 - - [19/Jan/2022 06:15:08] "GET / HTTP/1.1" 200 -
10.0.12.21 - - [19/Jan/2022 06:15:32] "GET / HTTP/1.1" 200 -
10.0.21.133 - - [19/Jan/2022 06:15:38] "GET / HTTP/1.1" 200 -
10.0.12.21 - - [19/Jan/2022 06:16:02] "GET / HTTP/1.1" 200 -
10.0.21.133 - - [19/Jan/2022 06:16:08] "GET / HTTP/1.1" 200 -
10.0.12.21 - - [19/Jan/2022 06:16:32] "GET / HTTP/1.1" 200 -
10.0.21.133 - - [19/Jan/2022 06:16:38] "GET / HTTP/1.1" 200 -
10.0.12.21 - - [19/Jan/2022 06:17:02] "GET / HTTP/1.1" 200 -
10.0.21.133 - - [19/Jan/2022 06:17:08] "GET / HTTP/1.1" 200 -
10.0.12.21 - - [19/Jan/2022 06:17:32] "GET / HTTP/1.1" 200 -
10.0.21.133 - - [19/Jan/2022 06:17:38] "GET / HTTP/1.1" 200 -
```

運作中

▲ 以 Python 啟動 HTTP 伺服器

確認是否正在對 request 做路由處理

完成以上的操作後, 我們可以在 AWS 的目標群組確認負載平衡器是否有在做 HTTP request 的路由處理。

首先從 EC2 的儀表板開啟「**目標群組 (Target Groups)**」的畫面, 並點擊欲查看的目標群組 (本例中為 sample-tg)。此時畫面將顯示所選的目標群組資訊。點擊「**目標 (Targets)**」標籤, 並查看「**運作狀態 (Health status)**」, 若「運作狀態」顯示為「healthy」, 即表示 request 已路由至該網頁伺服器:

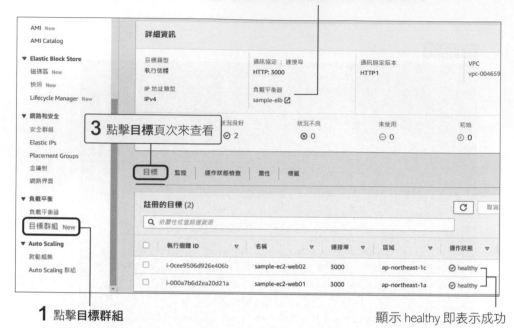

2 點擊目標群組名稱後, 可以來到此畫面

3 點擊**目標**頁次來查看

1 點擊**目標群組**

顯示 healthy 即表示成功

▲ 目標群組的資訊畫面

> ★ **譯註** 一開始會顯示 unhealthy, 要等以 Python 啟動的 HTTP 伺服器跑個約 2 分鐘後, 就會顯示 healthy。

7.3.2 透過瀏覽器存取

最後, 可以使用瀏覽器進行連線檢查了!

　　首先要在負載平衡器的設定畫面得知從外部存取的網址:請在 EC2 的儀表板中點擊「**負載平衡器 (Load Balancers)**」, 開啟負載平衡器的設定畫面, 再勾選上一節所建立的負載平衡器, 即可在「**描述 (Description)**」標籤中見到負載平衡器的設定資訊。「**網域名稱 (DNS name)**」欄位所看到的就是我們要的:

1 點擊**負載平衡器**　**2** 選擇**描述** (Description)

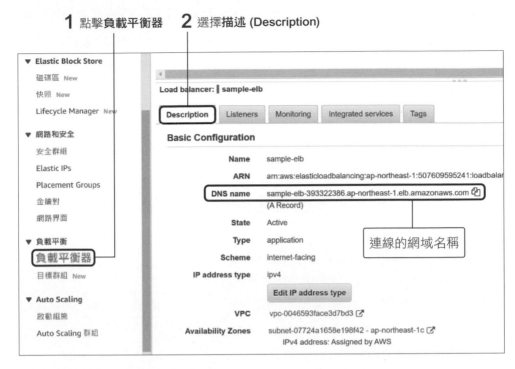

▲ 負載平衡器設定畫面的「描述」標籤

　　在瀏覽器中開啟此網域名稱，順利的話便會顯示出 HTTP 伺服器的首頁畫面：

▲ 成功連線到 HTTP 伺服器

★ 編註 您可能會好奇連線的網址怎麼這麼長？哈！日後當然不會這樣對外公開，等學習完第 10 章，我們就會得一個簡潔的 http://www.網域名稱.com 網址了。

若無法連線, 請確認 7-25 頁 PowerShell 的 Python 程式 (HTTP 模組) 是否有持續在運作。若沒問題, 就可以在 PowerShell 的視窗上按下 Ctrl + C 鍵, 退出 Python 程式。index.html 檔案後面也不需要了, 可以在 PowerShell 中輸入 "rm index.html" 將其刪除 :

刪除測試用的網頁

```
執行結果
[ec2-user@ip-10-0-77-31 ~]$ rm index.html
[ec2-user@ip-10-0-77-31 ~]$
```

如此一來, 負載平衡器的部分就完成了。

MEMO

第 8 章

建立資料庫伺服器 -
使用 RDS 服務

經過前面幾章的操作, 我們終於建立好可以從 Internet 連線的雲端設施了, 在本章中, 將繼續介紹如何建立對 Web 應用程式來說不可或缺的資料庫 (Database), 所使用的是 AWS 的 **RDS** 服務:

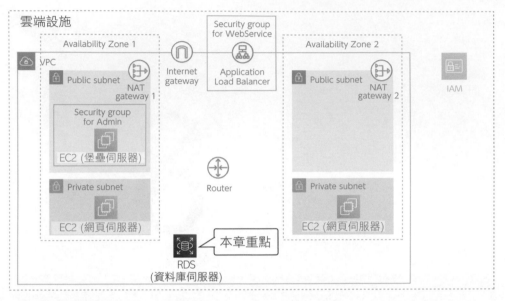

▲ 第 8 章要佈建的資源

8.1 資料庫伺服器的用途

　　資料庫 (Database) 對系統開發者來說應該都不陌生, 本書指的資料庫是系統開發最常使用的**關聯式資料庫** (Relational Database), 可以利用 SQL 語言進行資料的輸入與輸出, 在 Web 應用程式中主要是負責接收網頁伺服器的查詢需求並傳回結果, 其概念如下圖:

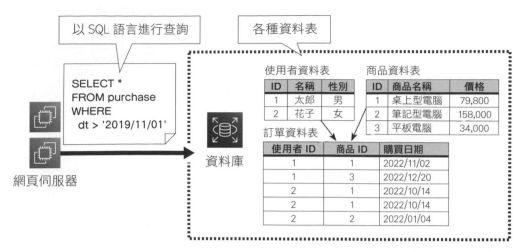

▲ 關聯式資料庫示意圖

認識 AWS 的 RDS 資料庫服務

　　想要建構關聯式資料庫，在 Linux 或 Windows 系統上經常使用免費的 MySQL、PostgreSQL，以及商用的 Oracle 與 Microsoft SQL Server 等，我們雖然也能將這些軟體安裝在以 EC2 建立的 Linux 伺服器上，以其作為資料庫伺服器，但這樣做就失去用 AWS 的方便優勢了，萬一資料庫故障，也不像在自己的電腦上易於排除障礙。

　　為了省卻手動安裝的麻煩，AWS 提供稱為 **Amazon RDS** (Amazon Relational Database Service, 亞馬遜關聯式資料庫服務) 的託管服務，使用者只要指定想要使用的產品及規格，即可輕鬆建構好資料庫伺服器：

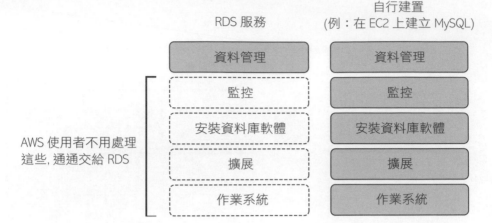

RDS 服務 　　　　　自行建置
（例：在 EC2 上建立 MySQL）

AWS 使用者不用處理
這些, 通通交給 RDS

▲ RDS 負責的工作

 NOTE

託管服務

AWS 將 RDS 這種無需考慮伺服器與作業系統, 即可輕鬆建構出各種服務的機制
稱為**託管服務 (Managed service)**。AWS 提供了許多種託管服務, 包括搜尋引
擎、快取伺服器 (Cache server), 以及這裡介紹的 RDS 資料庫服務。

8.2.1 RDS 的機制

　　我們進一步來看 RDS 的機制, RDS 主要是由資料庫引擎與 3 大設定
組成：

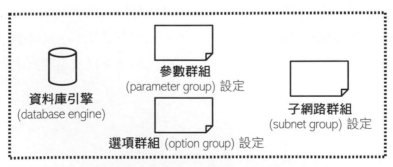

▲ RDS 的內涵就是資料庫引擎與 3 大設定

資料庫引擎

儲存資料與回應查詢的資料庫本體。建構時可挑選 MySQL 或 PostgreSQL 等多種資料庫工具, 此外, 資料庫引擎內部也可利用多個執行個體組成, 以提升性能與復原功能。

「參數群組」設定

即資料庫引擎本身的設定, 例如使用語言等設定。

「選項群組」設定

進行 RDS 專有的設定, 例如若想藉由 AWS 監控資料庫就得透過它。

「子網路群組」設定

想將資料庫伺服器分布於多個 Availability Zone (可用區域) 就要設定子網路群組。我們同樣可以預備多台資料庫伺服器來提高可靠性。

本書的範例將以 MySQL 作為 RDS 的資料庫引擎, 我們將按照以下流程, 在 AWS 上架構好 MySQL 伺服器:

❶ 建立參數群組 (8.3 節)。

❷ 建立選項群組 (8.4 節)。

❸ 建立子網路群組 (8.5 節)。

❹ 建立資料庫 (8.6 節)。

8.3 建立參數群組 (parameter group)

首先從建立參數群組開始吧！我們可以利用參數群組來掌握使用狀態、改善資料庫的性能…等。雖然 AWS 針對 MySQL 有提供一個預設的參數群組，但該參數群組無法修改，我們必須另外建立新的參數群組以套用在資料庫上。

8.3.1 先一覽設定內容

參數群組的設定項目如下：

▼ 參數群組的設定項目

欄位	設定值	說明
參數群組系列	mysql8.0	要使用的資料庫工具
群組名稱	sample-db-pg	參數群組的識別資訊
描述	sample parameter group	參數群組的說明

8.3.2 建立參數群組

接下來就開始建立參數群組吧！首先，從 AWS 管理主控台畫面左上角的「**服務 (Services)**」選單中點擊「**資料庫 (Database)**」→「**RDS**」，開啟 RDS 的儀表板。接著點開左側「**參數群組 (Parameter groups)**」的畫面，並點擊「**建立參數群組 (Create parameter group)**」的按鈕：

2 點擊右上的按鈕來建立

▲ 開始建立參數群組

　　然後就可以開始設定參數群組。MySQL 的參數會依據應用程式的用途, 對應到不同的設定策略。本書只會介紹可執行基本動作的設定, 不會涉及應用程式特有的設定。

　　要設定的有以下幾個:

● **參數群組系列 (Parameter group family)**: 選擇欲套用的資料庫。本範例要使用的是 MySQL 8.0, 因此選擇「mysql8.0」。

● **群組名稱 (Group name)**: 用於識別參數群組的名稱, 本例設為 sample-db-pg。

● **描述 (Description)**: 參數群組的說明。

　　如下圖設定完成後, 點擊「**建立 (Create)**」按鈕:

▲ 建立參數群組

1 進行設定

2 點擊按鈕就可以建立完成

8.4 建立選項群組 (option group)

接下來建立選項群組 (option group)。AWS 上頭雖然有預設設定，但設定項目無法修改，必須建立新的選項群組以套用至資料庫上。

8.4.1 先一覽設定內容

選項群組的設定項目如下：

▼ 選項群組的設定項目

欄位	設定值	說明
群組名稱	sample-db-og	選項群組的唯一識別資訊
描述	sample option group	選項群組的説明
引擎	mysql	資料庫類型
主要引擎版本	8.0	資料庫版本

8.4.2 建立選項群組

接下來就開始建立選項群組吧！首先，從 AWS 管理主控台畫面左上角的「**服務 (Services)**」選單中開啟 RDS 的儀表板。接著點開左側「**選項群組 (Option groups)**」的畫面，並點擊「**建立群組 (Create group)**」的按鈕：

▲ 開始建立選項群組

然後就可以開始設定選項群組了，要設定的有以下幾個：

● **名稱 (Name)**：用於識別選項群組的名稱，本例為 sample-db-og。

● **描述 (Description)**：選項群組的説明。

● **引擎與主要引擎版本 (Engine & Major Engine Version)**：指定
欲套用的資料庫類型。本例分別為「mysql」與「8.0」(即 MySQL
8.0)。

設定完成後, 點擊「**建立 (Create)**」按鈕：

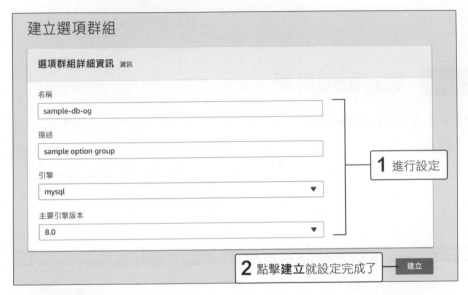

▲ 建立選項群組

8.5　建立子網路群組 (subnet group)

接下來要建立的是**子網路群組**。顧名思義, 子網路群組指的是含有多
個子網路 (於第 4 章所建立) 的群組。

回憶一下前面各章, 我們在建立 EC2 時, 是直接指定要在哪一個子網
路中建立, 但在建立 RDS 時, 是要指定子網路群組, 並由 AWS 來決定實
際上建立在哪一個子網路中。RDS 有一種稱為 **Multi-AZ** 的異地同步備
份功能 (編：AZ 指的就是 Availability Zone), 使用之後便會自動在多個
Availability Zone 中建立資料庫, 以提供更高的容錯能力。

8.5.1　先一覽設定內容

子網路群組的設定項目如下：

▼ 子網路群組的設定項目

欄位	設定值	說明
群組名稱	sample-db-subnet	子網路群組的識別資訊
描述	sample db subnet	子網路群組的說明
VPC	sample-vpc	子網路所屬的 VPC
可用區域	ap-northeast-1a ap-northeast-1c	子網路所屬的可用區域
子網路	sample-subnet-private01 sample-subnet-private02	子網路群組所使用的子網路

8.5.2　建立子網路群組

接下來就開始建立子網路群組吧！首先, 從 AWS 管理主控台畫面左上角的「**服務 (Services)**」選單中開啟 RDS 的儀表板。接著點開左側「**子網路群組 (Subnet groups)**」的畫面, 並點擊「**建立資料庫子網路群組 (Create DB subnet group)**」的按鈕：

▲ 開始建立子網路群組

然後開始設定子網路群組。首先在「**子網路群組詳細資訊 (Subnet group details)**」中設定以下 3 個項目:

● **名稱 (Name)**:設定識別子網路群組的名稱,本例為 sample-db-subnet。

● **描述 (Description)**:輸入子網路群組的說明。

● **VPC**:設定子網路群組當中,子網路所屬的 VPC。

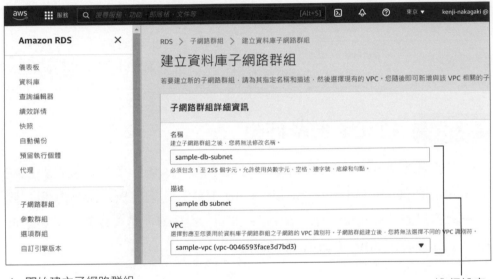

▲ 開始建立子網路群組

進行設定

此畫面繼續往下,如下圖所示,接著要做「**新增子網路 (Add subnets)**」的設定。此處要新增的是在第 4 章建立的 4 個子網路中,設為「私有」的那 2 個子網路 (編:因為資料庫是內部在用的,不會讓外頭直接存取),此外也要指定這些子網路所在的 Availability Zone。

● **可用區域 (Availability Zones)**:選擇含有私有子網路的 2 個 Availability Zone。

● **子網路 (Subnets)**:選擇本書之前建的 2 個私有子網路。

選取後, 這 2 個私有子網路就會被新增到「**已選取的子網路 (Subnets selected)**」中：

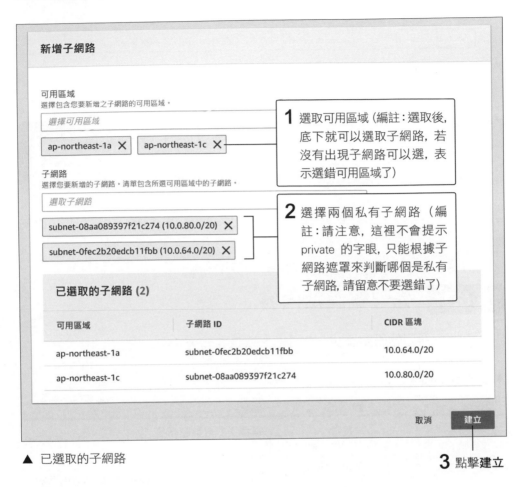

可用區域
選擇包含您要新增之子網路的可用區域。

`選擇可用區域`

ap-northeast-1a ✕　　ap-northeast-1c ✕

1 選取可用區域 (編註：選取後, 底下就可以選取子網路, 若沒有出現子網路可以選, 表示選錯可用區域了)

子網路
選擇您要新增的子網路。清單包含所選可用區域中的子網路。

`選取子網路`

subnet-08aa089397f21c274 (10.0.80.0/20) ✕

subnet-0fec2b20edcb11fbb (10.0.64.0/20) ✕

2 選擇兩個私有子網路 (編註：請注意, 這裡不會提示 private 的字眼, 只能根據子網路遮罩來判斷哪個是私有子網路, 請留意不要選錯了)

已選取的子網路 (2)

可用區域	子網路 ID	CIDR 區塊
ap-northeast-1a	subnet-0fec2b20edcb11fbb	10.0.64.0/20
ap-northeast-1c	subnet-08aa089397f21c274	10.0.80.0/20

取消　建立

▲ 已選取的子網路

3 點擊**建立**

 NOTE

如果不慎將公有子網路新增到子網路群組中, 就等於是將資料庫直接對外公開, 這會造成安全問題, 因此設定時切記不要把公有子網路新增至子網路群組中。

如此一來, 子網路群組就建立完成了：

子網路群組 (1)				⟳ 編輯 刪除 建立資料庫子網路群組
Q 依據 子網路群組 篩選				⟨ 1 ⟩ ⚙
☐ 名稱 ▲	描述 ▽	狀態 ▽	VPC	▽
☐ sample-db-subnet	sample db subnet	⊘ 完成	vpc-0046593face3d7bd3	

▲ 建立完成的子網路群組

8.6 建立資料庫

前面幾節已經完成建立資料庫所需的各種設定, 最後就要來建立資料庫了!

8.6.1 先一覽設定內容

建立資料庫的設定不少, 我們先大致整理如下:

▼ 資料庫的設定項目

欄位	設定值	說明
引擎類型	MySQL	欲使用的資料庫產品
範本	免費方案	後續設定之範本 URL https://aws.amazon.com/tw/rds/free/
資料庫執行個體識別符	sample-db	資料庫的識別資訊
主要使用者名稱	admin	資料庫管理者的名稱
主要密碼	8 個字元以上的任意字串)	資料庫管理者的密碼
資料庫執行個體類別	db.t2.micro	執行個體的計算和記憶體容量
Virtual Private Cloud	sample-vpc	選擇要建立 RDS 的 VPC
子網路群組	sample-db-subnet	預先建立的子網路群組

接下頁

欄位	設定值	說明
公開存取與否	否	是否允許來自 VPC 外部的存取
既有的 VPC 安全群組	Default	用於來自 VPC 內部存取的安全群組
資料庫身份驗證選項	密碼身份驗證	資料庫的驗證方法
初始資料庫名稱	（空白）	於建立資料庫執行個體之同時建立的資料庫名稱
資料庫參數群組	sample-db-pg	指定先前建立好的參數群組
選項群組	sample-db-og	指定先前建立好的選項群組

8.6.2　建立資料庫

　　接下來就開始建立資料庫吧！首先, 從 AWS 管理主控台畫面左上角的「**服務 (Services)**」選單中開啟 RDS 的儀表板。接著點開左側「**資料庫 (Databases)**」的畫面, 並點擊「**建立資料庫 (Create database)**」的按鈕:

▲ 開始建立資料庫

　　接下來要進行不少設定, 大致有 10 個部分, 底下來一一說明。

1. 選擇資料庫建立方法 (Choose a database creation method)

　　首先要選擇的是資料庫的建立方法，這裡的設定會影響到後續可選擇之內容，其預設選項是手動設定所有項目的「**標準建立 (Standard create)**」，這裡保留預設設定即可。

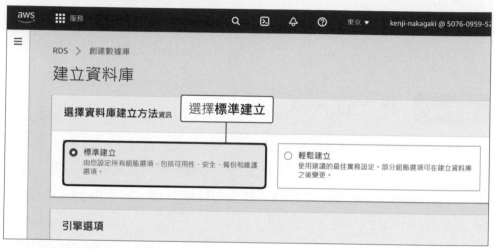

▲ 選擇資料庫的建立方法

2. 引擎選項 (Engine options)

　　接著需選擇欲建立的資料庫引擎，請選擇 MySQL，其他保留預設設定即可：

▲ 引擎選項

⬡ 3. 範本 (Templates)

　　需選擇後續設定的範本。此項目並非針對資料庫本身的設定項目, 它會決定後續其他設定的預設值, 並提供不同的設定項目。由於本書範例是為了學習使用, 因此選擇「**免費方案 (Free tier)**」就好:

▲ 範本設定

(◉) 4. 設定 (Settings)

接著需進行以下各種設定：

- **資料庫執行個體識別符** (DB instance identifier)：識別資料庫的名稱, 此例設為 sample-db。

- **主要使用者名稱** (Master username)：為資料庫管理者指定一個名稱, 本例使用的是「admin」, 也可以指定其他名稱。

- **主要密碼** (Master password)：admin 要連線至資料庫時所使用的密碼。

設定

資料庫執行個體識別符 資訊

為資料庫執行個體輸入一個名稱。該名稱必須為所有資料庫執行個體的唯一名稱。該執行個體的擁有者是您在目前 AWS 區域中的 AWS 帳戶。

> sample-db

資料庫執行個體識別符並不會區分大小寫, 但全以小寫的形式儲存 (例如 "mydbinstance")。限制：必須包含 1 到 60 個英數字元或連字號。第一個字元必須是字母。不可連續包含兩個連字號。不得以連字號結尾。

▼ **認證設定**

主要使用者名稱 資訊

針對您資料庫執行個體的主要使用者, 輸入登入 ID。

> admin

1 到 16 個英數字元。第一個字元必須是字母。

☐ 自動產生密碼
Amazon RDS 可為您產生密碼, 或者您可以指定自己的密碼。

主要密碼 資訊

> •••••••••••••••••

限制：至少 8 個可列印的 ASCII 字元。不得包含下列任何字元：/ (斜線)、'(單引號)、" (雙引號) 與 @ (@ 符號)。

確認密碼 資訊

> •••••••••••••••••

▲ 資料庫設定

5. 資料庫執行個體類別 (DB instance class)

接著要選擇資料庫執行個體 (DB instance) 的類別。這裡可選擇的項目取決於 8-17 頁「範本」中所選擇的內容。之前我們是選擇「免費方案」的範本，這裡保留預設值 (db.t2.micro) 即可。若選擇了其他範本 (尤其是 **生產 (Production)**)，則請依照預期的工作負載升級到適合的類別：

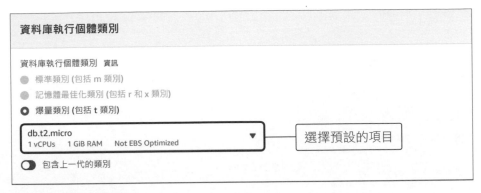

▲ 資料庫執行個體類別

NOTE

附帶一提，此處選擇的內容之後還可以再改，不過更改時需重新啟動資料庫。屆時資料庫的內容雖然會被保留，但重新啟動期間將無法存取資料庫，且根據資料庫容量與設定內容的不同，會有數秒鐘至數分鐘的停機時間。因此爾後實務上在選擇規格時，建議預先考慮未來服務的成長空間，保留一些餘裕。

6. 儲存體 (Storage)

接著是儲存體的設定。

在下圖中，**儲存體類型 (Storage type)** 是指定資料庫伺服器欲使用的儲存裝置。**配置儲存 (Allocated storage)** 則是資料庫伺服器要使用的儲存容量，這些項目依照先前選擇的範本設定適當的值。若無特殊考量，則沿用預設值即可。本範例也會沿用預設的「**一般用途 (SDD)**」與「**20 GiB**」。

至於**儲存自動擴展 (Storage autoscaling)** 也建議沿用預設值, 不過當中的「**最大儲存閾值 (Maximum storage threshold)**」一般應該是要將雲端基礎設施的預算考慮進去, 再設定上限值, 我們這裡先維持預設值就好:

儲存體

儲存體類型　資訊

一般用途 SSD (gp2)
基準效能取決於磁碟區大小　　　　　　　　　　　　　　▼

配置儲存

20　　　　　　　　　　　　　　　　　　　　　　　　　GiB

(最小: 20 GiB, 最大: 16,384 GiB) 更大的配置儲存體可提升 IOPS 效能。

儲存自動擴展　資訊
根據應用程式的需求為資料庫的儲存提供動態擴展支援。

☑ 啟用儲存自動擴展
　　啟用此功能會允許在超過指定的閾值後增加儲存。

最大儲存閾值　資訊
當資料庫自動擴展至指定的閾值時將收費

1000　　　　　　　　　　　　　　　　　　　　　　　GiB

下限: 21 GiB, 上限: 16,384 GiB

▲ 儲存體的設定

7. 可用性與持久性 (Availability & durability)

接著是可用性與持久性之設定。如第 4 章所述, 想要提高可用性, 可於 AWS 上佈建資源時盡量跨越多個 Availability Zone (可用區域)。而 RDS 可以藉由設定**異地同步備份**, 在不同 Availability Zone 中建立出同一個資料庫的複本。但使用異地同步備份就表示會建立出兩個資料庫, 一個供實際執行用, 一個供意外發生時自動容錯移轉用, 因此成本幾乎會翻倍, 這點還請各位務必留意。

SAVING MONEY
⑤ 省錢大作戰！小編幫你精算 AWS 費用

而依小編實作近幾個月以來, RDS 從建置後的費用為 0, 應該是用量還在免費範圍內, 提供給讀者參考。

　　此處可供選擇的設定項目會依照先前指定的範本而有所不同。若當初選擇的是「**免費方案**」，便無法選擇異地同步備份部署，只能被迫選定「**不要建立備用執行個體 (Do not create a standby instance)**」。實務上，請讀者依照專案特性以及預算等，自行決定是否選擇異地同步備份：

可用性與持久性

異地同步備份部署　**資訊**

● 建立備用執行個體 (建議用於生產用途)
　在不同的可用區域 (AZ) 建立備用，以提供資料備援、排除 I/O 凍結，以及降低系統備份時的延遲遞增。

◎ 不要建立備用執行個體

▲ 可用性與持久性設定

⑧ 8. 連線 (Connectivity)

　　接著是連線相關的設定：

● Virtual Private Cloud (VPC)：選擇第 4 章中建立的 VPC。選定後，從「子網路群組」的設定開始，各欄位都會自動跳出可直接套用的預設值 (例如預先建立的子網路群組)。

● **現有的 VPC 安全群組 (Existing VPC security groups)**：選擇「default」，以允許來自於 VPC 內部的存取。

　　其他的維持預設值即可。

連線

連線 ⟳

Virtual Private Cloud (VPC) 資訊
VPC 定義此資料庫執行個體的虛擬網路環境。

sample-vpc (vpc-0046593face3d7bd3) ▼

僅列出具有對應資料庫子網路群組的 VPC。

ⓘ 在資料庫建立完成後，您無法變更其 VPC。

子網路群組 資訊
定義資料庫執行個體可以在您選取的 VPC 中使用哪些子網路與 IP 範圍的資料庫子網路群組。

sample-db-subnet ▼

公開存取 資訊

○ 是
VPC 外的 Amazon EC2 執行個體和裝置，可以連接到您的資料庫。 選取一或多個 VPC 安全群組，以指定 VPC 內哪些 EC2 執行個體和裝置可以連接至資料庫。

● 否
RDS 不會指派公有 IP 地址到資料庫。 只有 VPC 內的 Amazon EC2 執行個體和裝置，可以連接到您的資料庫。

VPC 安全群組
選擇一個 VPC 安全群組，以允許存取您的資料庫。請確保安全群組規則，允許適當的傳輸流量。

● 選擇現有	○ 新建
選擇現有的 VPC 安全群組	建立新的 VPC 安全群組

現有的 VPC 安全群組

選擇 VPC 安全群組 ▼

default ✕

可用區域 資訊

無偏好設定 ▼

▼ **其他組態**

資料庫連接埠 資訊
資料庫將用於應用程式連線的 TCP/IP 埠。

3306

▲ 連線設定畫面

9. 資料庫身份驗證 (Database authentication)

接著是與資料庫身份驗證有關的設定。

若選擇**密碼身份驗證** (Password authentication)，即可藉由先前建立的 admin 使用者連線至資料庫。若選擇**密碼和 IAM 資料庫身份驗證** (Password and IAM database authentication)，則除了 admin 使用者之外，還可透過具有適當權限的 IAM 使用者進行連線。

透過 IAM 使用者進行資料庫身份驗證，有好處也有壞處 (請參考以下「NOTE」的說明)，本例選擇的是較簡便的「**密碼身份驗證 (Password authentication)**」：

選擇**密碼身份驗證**

資料庫身份驗證

資料庫身份驗證選項　資訊

- ● 密碼身份驗證
  使用資料庫密碼進行身份驗證。

- ○ 密碼和 IAM 資料庫身份驗證
  透過 AWS IAM 使用者和角色使用資料庫密碼和使用者登入資料進行身份驗證。

- ○ 密碼和 Kerberos 身份驗證
  選擇允許授權使用者使用 Kerberos 身份驗證對此資料庫執行個體進行身份驗證的目錄。

▲ 資料庫身份驗證

 NOTE

用 IAM 使用者連線資料庫的優缺點

- **優點：**可使用由 IAM 所提供的使用者管理功能，如要求密碼強度或強制重設密碼等。

- **缺點：**得另行管理連線至資料庫的使用者，會增加管理上的麻煩。

10. 其他組態 (Additional configuration)

最後是資料庫的附加設定。本例在**資料庫參數群組 (DB parameter group) 與選項群組 (Option group)** 中, 分別選擇先前設定好的參數群組與選項群組。除此之外, 並無特別需要更改預設值的項目:

▼ 其他組態
資料庫選項, 備份 啟用, 恢復 停用, 增強型監控 停用, 維護, CloudWatch Logs, 刪除保護 停用.

資料庫選項

初始資料庫名稱 資訊

[   ]

如果您沒有指定資料庫名稱, Amazon RDS 不會建立資料庫。

資料庫參數群組 資訊

[sample-db-pg   ▼]   ┐

選項群組 資訊   進行設定

[sample-db-og   ▼]   ┘

備份

☑ 啟用自動備份
建立資料庫的時間點快照

⚠ 請注意, 目前僅 InnoDB 儲存引擎支援自動備份。如果您使用的是 MyISAM, 請參閱此處的詳細資訊。

備份保留期間 資訊
選擇 RDS 應保留此資料庫執行個體之自動備份的天數。

[7 天   ▼]

備份時段 資訊
選取您希望 Amazon RDS 建立資料庫自動備份的時間範圍。
○ 選取時段
● 無偏好設定

☑ 將標籤複製到快照

監控

☐ 啟用增強型監控
當您想要查看不同的程序或執行緒如何執行 CPU 時, 啟用增強型監控指標可以派上用場。

▲ 其他組態   接下頁

日誌匯出

選取要發佈到 Amazon CloudWatch Logs 的日誌類型

☐ 稽核日誌

☐ 錯誤日誌

☐ 一般日誌

☐ 緩慢查詢日誌

IAM 角色

以下服務連結角色會用於發佈日誌到 CloudWatch Logs。

RDS 服務連結角色

ⓘ 確保一般、緩慢查詢和稽核日誌都已啟用。錯誤日誌預設為啟用。 進一步了解

維護

自動次要版本升級 **資訊**

☑ 啟用自動次要版本升級

啟用自動次要版本升級將自動升級到新次要版本。自動升級會在資料庫的維護時段執行。

維護時段 資訊

選擇您希望 Amazon RDS 將待定修改或維護作業，套用至資料庫的時段。

○ 選取時段

◉ 無偏好設定

刪除保護

☐ 啟用刪除保護

可避免資料庫遭意外刪除。啟用此選項時，您無法刪除資料庫。

　　最後，查看一下「**預估每月成本 (Estimated monthly costs)**」，我們使用的是免費方案，享有一定的免費用量，最後點擊「**建立資料庫 (Create database)**」按鈕就完成設定了：

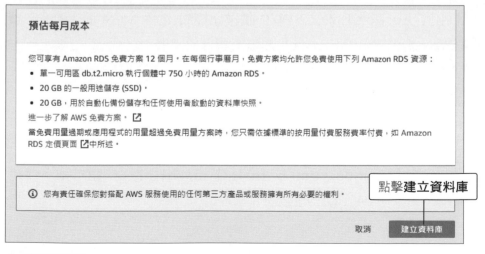

▲ 建立資料庫

從資料庫建立完成到實際重新啟動完畢為止，大概需要約 5～10 分鐘的時間，請稍作等待，之後便可在 RDS 的儀表板上看到 RDS 狀態變成「**可用 (Available)**」了：

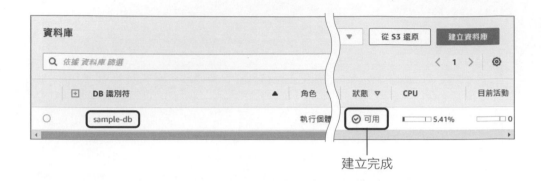

建立完成

本節將嘗試由第 6 章建立好的 Amazon Linux 2 網頁伺服器連線到資料庫伺服器，確認前面所有設定是否都正確，過程中會先連線到第 6 章的網頁伺服器，然後在裡頭利用 MySQL 指令連線到資料庫。

由於 Amazon Linux 2 網頁伺服器預設未包含 MySQL 指令，必須另行安裝。請先使用 Powershell 連線至網頁伺服器：

執行結果

```
C:\Users\nakak> ssh web01 ← 連線到 web01 網頁伺服器
```

接著執行「**sudo yum -y install mysql**」指令，這行指令會連上 Internet 來安裝 MySQL 指令套件：

> **★編註**　請注意, 由於我們的 EC2 網頁伺服器是建置在私有子網路內, 必須確認有連上 Internet, 才能夠安裝 MySQL 套件。因此, 執行「**sudo yum -y install mysql**」這行指令前, 請讀者先確認 4.4 節的 NAT 閘道, 以及 4.5 節路由表當中, 與 NAT 閘道相關的功能服務目前都可以正常運作。
>
> 事實上, 由於開啟 NAT 閘道會分分秒秒計費, 小編實作本書時, 會在不需要用到時暫時移除 NAT 閘道, 但安裝 MySQL 前必須必須記得重啟與 NAT 閘道相關的功能喔!(操作完畢後, 您可以參考附錄 A 刪除 NAT 閘道來省錢, 需要時再依 4.4 節重建一個, 並依 4.5 節在路由表中編輯指定新的 NAT 匣道)。總之, 在本書的學習之路, NAT 閘道就是需要時再建, 不需要時可暫且刪除。

執行結果　安裝 MySQL

```
$ sudo yum -y install mysql

Loaded plugins: extras_suggestions, langpacks, priorities,
update-motd
amzn2-core       | 3.7 kB  00:00:00

（中略）

Installed:
  mariadb.x86_64 1:5.5.64-1.amzn2

Complete! ◀── 下載完成
```

　　安裝完成後, 接著就要連線到 MySQL 資料庫了。連線的位址可以從 RDS 的儀表板得知。請於 RDS 的儀表板中點擊「**資料庫 (Databases)**」, 並選擇建立好的執行個體 (本例中為 sample-db)。此時畫面中將顯示所選的執行個體資訊。點擊「**連線與安全性 (Connectivity & security)**」標籤, 即可由「**端點與連接埠 (Endpoint & port)**」得知連線的位址:

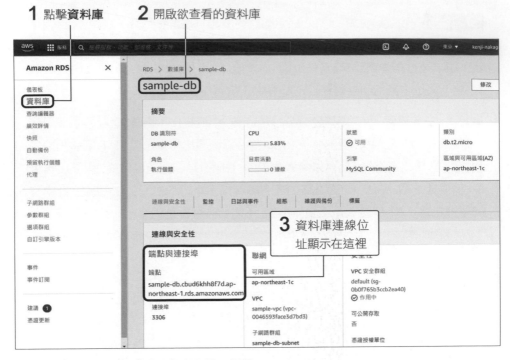

1 點擊**資料庫** **2** 開啟欲查看的資料庫

▲ 執行個體畫面中的「連線與安全性」標籤

得知連線位址後，接著透過網頁伺服器試著連線至 MySQL 伺服器。請確認已經連到網頁伺服器 (web01 或 web02)，接著執行以下指令：

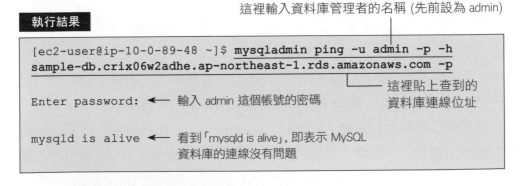

這裡輸入資料庫管理者的名稱 (先前設為 admin)

執行結果

```
[ec2-user@ip-10-0-89-48 ~]$ mysqladmin ping -u admin -p -h
sample-db.crix06w2adhe.ap-northeast-1.rds.amazonaws.com -p
```

這裡貼上查到的資料庫連線位址

`Enter password:` ← 輸入 admin 這個帳號的密碼

`mysqld is alive` ← 看到「mysqld is alive」，即表示 MySQL 資料庫的連線沒有問題

如此一來，資料庫伺服器的連線檢查就完成了。13.2.3 節我們在部署社群網站範例時，就需要連線到 MySQL 建立空白資料庫和資料表，用來存放到我們範例社群網站註冊的會員資料。

第 **9** 章

大容量檔案的儲存方案 - 使用 S3 服務

雲端應用程式中除了數值和文字資料, 也經常用到圖片、影片等大容量檔案, 這些檔案通常會存放在專用的空間裡, 本章就來介紹 AWS 裡頭存放大容量檔案的方案, 也就是 AWS 的 **S3** 服務:

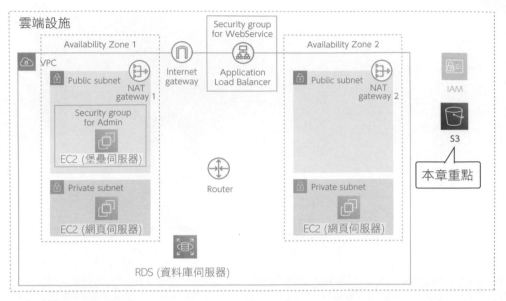

▲ 第 9 章要佈建的資源

目前電腦上最常見的儲存裝置應該是 SSD 固態硬碟, 第 5 章及第 6 章所介紹的 EC2 執行個體, 都有提供對應於 SSD 或傳統硬碟的儲存服務, 名為 **Amazon EBS** (Amazon Elastic Block Store, 亞馬遜高效能區塊儲存) 服務。

不過, 如果以 EBS 作為主要的儲存服務, 還是難保突來的故障影響系統運作, 根據 AWS SLA 服務水準協議網站 (https://aws.amazon.com/tw/

compute/sla/) 所載明的, EC2 每年可能有近 5 分鐘停止服務的時間 (編：看起來不多, 但重要的商業功能每一秒都很重要)。為了解決可靠性的問題, AWS 另外提供了稱為 **S3** (Simple Storage Service, 亞馬遜簡單儲存服務) 的機制。

9.1.1　S3 的工作範圍與成本

S3 是 AWS 當中負責檔案儲存、管理的託管服務, 讓使用者輕鬆獲得可靠的儲存空間：

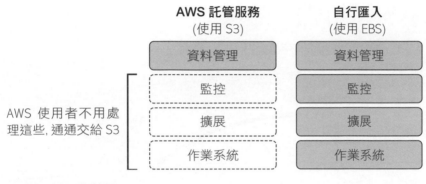

▲ S3 的工作範圍

與 EBS 相比, 用 S3 除了較省事外, 在容錯能力與成本方面都具有壓倒性的優勢。AWS 曾明確表示, S3 是為了達到 99.999999999% 的耐久性而設計, 相當於可持續儲存 1,000 萬份檔案 10,000 年, 幾乎不用擔心存在 S3 內的檔案會損壞。

至於成本, 比較的則是單位容量的價格, 單價雖然會因為區域 (region) 與保留的容量而改變, 但綜合來說, EBS 的成本還是比 S3 高了約 5 倍左右, 而且由於 EBS 必須和 EC2 執行個體一起使用, 因此還需要加上 EC2 執行個體的使用費。

不過，即便 S3 在性能與成本上都有壓倒性的優勢，請留意它仍只是「外部」的儲存服務，意思是無法作為作業系統使用 (EBS 可以)，請務必將這項限制考慮進去。

9.1.2 S3 與 VPC 的關係

前面幾章介紹的 AWS 服務 (EC2、負載平衡器及資料庫...等) 都是在 VPC 中建立的，但如同本章開頭的架構圖所示，S3 是建立在 VPC 的外面，以下圖來看，存取 S3 裡面的資料有以下兩種方法：

❶ 直接從網際網路存取 S3 內的檔案。

❷ 從 VPC 當中的伺服器存取 S3 內的檔案。

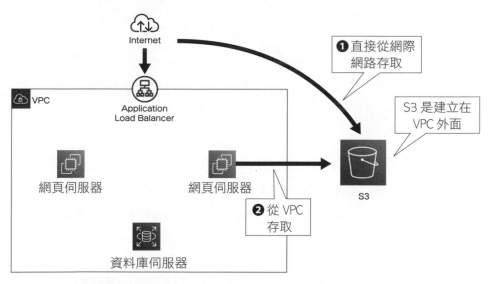

▲ VPC 與 S3 的關係

第一種方式比較單純，就像是利用瀏覽器上傳檔案到 Dropbox、Google 雲端硬碟這樣。至於第二種方式，VPC 內部的伺服器若想存取 S3 儲存貯體 (bucket)，就必須擁有儲存貯體的存取權，儲存貯體是 S3 當中

存放資料的基本單位, 就如同容器一般, 9.1.3 小節會詳述。這個存取權限通常會透過 IAM 服務的「**角色 (roles)**」功能來取得, 做法是先建立一個角色, 並將存取 S3 儲存貯體的政策 (policy) 賦予到該角色 (編註:例如 AmazonS3FullAccess 這個 policy 表示可存取所有 S3 儲存貯體), 再將該角色指派給 EC2:

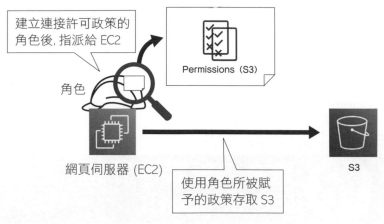

建立連接許可政策的角色後, 指派給 EC2

角色

Permissions (S3)

網頁伺服器 (EC2)

使用角色所被賦予的政策存取 S3

S3

▲ 指派角色

 NOTE

這裡是第一次介紹 IAM 的角色 (roles) 功能, 其實也可以先建立使用者, 再將其連接至可存取 S3 的政策, 並設定該使用者的權限來存取 S3 的儲存貯體, 但一般來說, 還是使用角色的方法比較常見。

9.1.3　S3 的機制

　　想將資料儲存於 S3, 必須先建立出**儲存貯體 (bucket)**, 這是存放資料的基本單位。存在儲存貯體的資料, 稱為**物件 (object)**。任何視為檔案的東西, 例如文字、圖片、語音、影片等, 都可視為 S3 的物件。當有大量物件時, 也可以利用資料夾來進行管理:

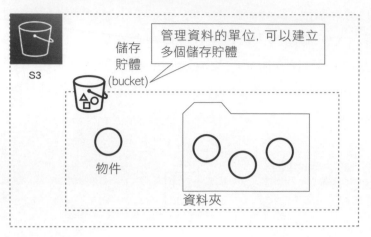

管理資料的單位, 可以建立多個儲存貯體

儲存貯體 (bucket)

物件

資料夾

▲ S3 的結構

9.2 建立 S3 儲存貯體 (S3 bucket)

首先就從 S3 的儲存貯體建立起吧!

9.2.1 先一覽設定內容

S3 儲存貯體的設定內容如下:

▼ S3 的設定項目

項目	值	說明
儲存貯體名稱	flag-aws-intro-sample-upload ※名稱不可重複	S3 儲存貯體的名稱
AWS 區域 (region)	亞太區域 (東京) ap-northeast-1	要在哪個 AWS 區域建立 S3 儲存貯體
公開存取	全部封鎖 ※ 勾選「封鎖所有公開存取權」	設定 S3 儲存貯體的公開存取權

請注意, 在同一個 AWS 區域內的儲存貯體名稱**不能重複**, 只要任何 AWS 帳戶用過的名稱都不能再用 (編:您也不能使用跟本書一樣的名稱), 讀者在儲存貯體名稱可以加上服務名稱或網域名稱等等以避免重覆。

9.2.2 建立儲存貯體的建立流程

SAVING MONEY

$ **省錢大作戰!小編幫你精算 AWS 費用**

在實際開始操作前先提供本書的 S3 使用費讓您大致有個概念。建立完 S3 儲存貯體, 本章會完成一些測試工作, 第 11、13 章還都會使用到, 依小編觀察各月 AWS 帳單, 每月的使用費均是 0 元, 應該是我們的存取還在免費範圍內。而建立完 S3 後若不再需要, 也可以依附錄 A 的介紹將其刪除, 以上供您參考。

首先, 從 AWS 管理主控台畫面左上角的「**服務 (Services)**」選單中點擊「**儲存 (Storage)**」→「**S3**」, 開啟 S3 的儀表板。接著點開左側「**儲存貯體 (Buckets)**」的畫面, 並點擊「**建立儲存貯體 (Create bucket)**」的按鈕:

▲ 開始建立儲存貯體

開啟畫面後, 首先在「**一般組態 (General configuration)**」中, 設定儲存貯體名稱與區域:

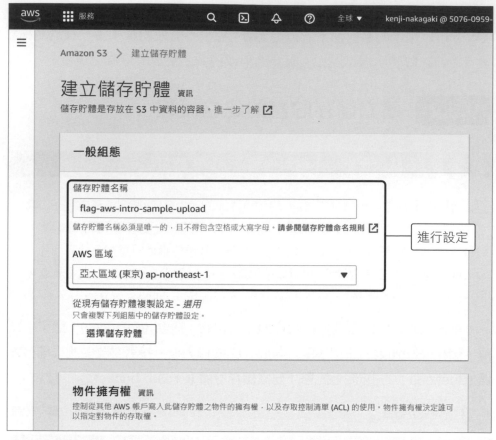

▲ 建立儲存貯體

接著往下移動到「**此儲存貯體的「封鎖公開存取」設定（Block Public Access settings for this bucket)**」，這裡要設定資料的存取權，此設定對防止資料被意外瀏覽及更新來說非常重要。預設為勾選「**封鎖所有公開存取權（Block all public access)**」，表示資料不公開，不會被意外瀏覽或更新。建議先以此狀態建立之後，再根據用途授予必要的存取權限。本範例會保留預設設定。

勾選

此儲存貯體的「封鎖公開存取」設定

系統是透過存取控制清單 (ACL)、儲存貯體政策、存取點政策或所有這些項目將公有存取權授與儲存貯體和物件。為了確保此儲存貯體和物件的公有存取權已封鎖，請開啟「封鎖所有公有存取權」。這些設定僅套用於此儲存貯體及其存取點。AWS 建議您開啟「封鎖所有公有存取權」，但在套用任何這些設定之前，確保您的應用程式能在沒有公有存取權的情況下正常運作。如果您需要此儲存貯體或物件的一些公有存取層級，您可以在下方自訂個別設定，以滿足您的特定儲存使用案例。**進一步了解** [↗]

☑ **封鎖*所有*公開存取權**
　開啟此設定等同於開啟以下所有四個設定。下列每個設定都是相互獨立的。

　─ ☑ **封鎖透過*新的*存取控制清單 (ACL) 授予的對儲存貯體和物件的公開存取權**
　　S3 將封鎖套用至剛新增儲存貯體或物件的公開存取權限，並防止針對現有儲存貯體和物件建立新的公開存取 ACL。此設定不會變更任何現有的允許使用 ACL 公開存取 S3 資源權限。

　─ ☑ **封鎖透過*任何*存取控制清單 (ACL) 授予的儲存貯體和物件的公開存取權**
　　S3 會忽略授與儲存貯體和物件公開存取權的所有 ACL。

　─ ☑ **封鎖透過*新的*公開儲存貯體或存取點政策授予的對儲存貯體和物件的公開存取權**
　　S3 將封鎖新的儲存貯體和存取點政策，該政策授與儲存貯體和物件的公開存取權。此設定不會變更任何現有的允許公開存取 S3 資源的政策。

　─ ☑ **封鎖透過*任何*公開儲存貯體或存取點政策授予的對儲存貯體和物件的公有和跨帳戶存取權**
　　S3 將忽略對儲存貯體或存取點的公開和跨帳戶存取，這些儲存貯體採用授與儲存貯體和物件公開存取權的政策。

▲ 儲存貯體的「封鎖公開存取」設定

　　其餘各部分都可以直接保留預設值。設定完成後, 點擊「**建立儲存貯體 (Create bucket)**」的按鈕：

儲存貯體版本控制

版本控制是在相同儲存貯體中保留物件多個變體的方法。您可以使用版本控制來保留、擷取和還原存放在 Amazon S3 儲存貯體中每個物件的每個版本。透過版本控制，您可以從非預期使用者動作和應用程式失敗中輕鬆復原。進一步了解 🔗

儲存貯體版本控制

- ● 停用
- ○ 啟用

標籤 (0) - *選用*

標記儲存貯體以追蹤儲存成本或其他條件。進一步了解 🔗

沒有與此儲存貯體關聯的標籤。

[新增標籤]

預設加密

自動加密存放在此儲存貯體中的新物件。進一步了解 🔗

伺服器端加密

- ● 停用
- ○ 啟用

▶ **進階設定**

ⓘ 建立儲存貯體之後，您可以將檔案與資料夾上傳至儲存貯體，並設定其他儲存貯體設定。

取消　　　　　建立儲存貯體

▲ 建立儲存貯體

點擊**建立儲存貯體**

如此一來, 儲存貯體就建立完成了:

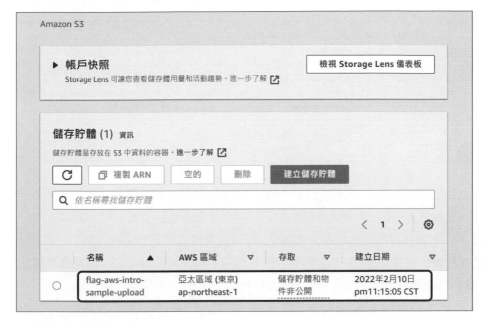

▲ 建立完成的儲存貯體

9.3　建立角色 (role) 並指派給 EC2 伺服器

接下來, 為了讓 EC2 網頁伺服器可以存取 S3 儲存貯體, 要使用 IAM 服務當中的**角色 (role)** 來建立角色, 並藉由設定政策 (policy) 來賦予該角色使用儲存貯體的權限。

9.3.1　先一覽設定內容

建立 IAM 角色時的設定內容如下:

▼ 角色的設定內容

欄位	設定值	說明
信任實體	AWS 服務 / EC2	允許角色存取的對象
許可政策	AmazonS3FullAccess	連接至角色的政策
角色名稱	sample-role-web	為角色所取的名稱
描述	upload images	角色的說明

 NOTE

在上表的許可政策中, 本書將設定 **AmazonS3FullAccess**, 意思是此角色不光可以存取剛才建立的 S3 儲存貯體, 也可以存取今後所有建立出來的 S3 儲存貯體。若不希望該角色有這種大的權限, 可以另外建立只能存取剛才建立的 S3 儲存貯體的政策, 並將其連接至該角色, 詳情可參考「**Amazon S3：限制管理特定的 S3 儲存貯體 (https://reurl.cc/M0A4Rm)**」官方網頁的說明。

9.3.2 建立角色

接下來就開始正式建立角色吧！首先, 從 AWS 管理主控台畫面左上角的「**服務 (Services)**」選單中開啟 IAM 的儀表板。接著點開左側「**角色 (Roles)**」的畫面, 並點擊「**建立角色 (Create role)**」的按鈕：

1 點擊**角色**　　　　　　　　　　　　　　　　**2** 點擊**建立角色**按鈕

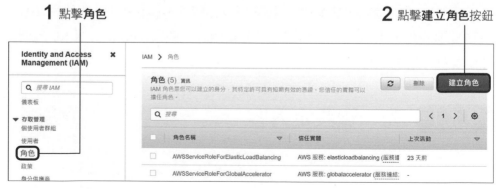

▲ 開始建立角色

實體與使用案例

第一步要選擇的是允許擔任角色的實體，以本例來說就是 EC2。首先在「**信任的實體類型 (Trusted entity type)**」中，選擇「**AWS 服務 (AWS service)**」。再從底下的「**使用案例 (Use case)**」中選擇「**EC2**」：

▲ 實體與使用案例

🔶 許可政策

接著要選擇的是連接至角色的許可政策。請勾選
「AmazonS3FullAccess」：

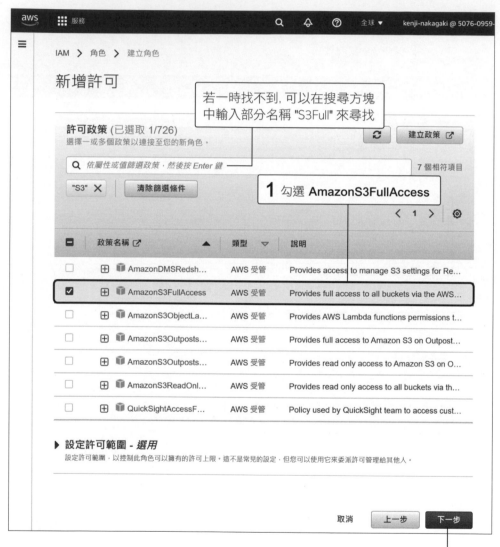

▲ 許可政策

設定角色名稱

接著是輸入角色名稱。本範例使用的名稱為「sample-role-web」, 底下的說明欄位可以保留預設值, 也可以自訂說明資訊。

此畫面其他的欄位都套用預設值就好, 若確認無誤, 即可點擊「**建立角色 (Create role)**」的按鈕：

▲ 自訂角色名稱

如此一來, 角色就建立完成了:

IAM > 角色

角色 (6) 資訊
IAM 角色是您可以建立的身分, 其特定許可具有短期有效的憑證。您信任的實體可以擔任角色。

[🔄] [刪除] [建立角色]

🔍 搜尋   < 1 > ⚙

	角色名稱 ▽	信任實體	上次活動 ▽
☐	AWSServiceRoleForElasticLoadBalancing	AWS 服務: elasticloadbalancing (服務連	23 天前
☐	AWSServiceRoleForGlobalAccelerator	AWS 服務: globalaccelerator (服務連結	-
☐	AWSServiceRoleForRDS	AWS 服務: rds (服務連結角色)	2 天前
☐	AWSServiceRoleForSupport	AWS 服務: support (服務連結角色)	-
☐	AWSServiceRoleForTrustedAdvisor	AWS 服務: trustedadvisor (服務連結角色	-
☐	sample-role-web	AWS 服務: ec2	**新增完成**

▲ 建立完成的角色

9.3.3 在 EC2 中指派使用角色

接下來要將剛才建立的角色指派給第 6 章用 EC2 執行個體建立好的網頁伺服器, 也就是 sample-ec2-web01 與 sample-ec2-web02 這兩個伺服器。

首先, 從 AWS 主控台左上角的「**服務 (Services)**」選單中開啟 EC2 的儀表板。接著點開左側「**執行個體 (Instances)**」的畫面, 並勾選要擔任角色的 EC2 執行個體。勾選後, 點擊畫面右上角的「**動作 (Actions)**」, 從選單中選擇「**安全性 (Security)**」→「**修改 IAM 角色 (Modify IAM role)**」:

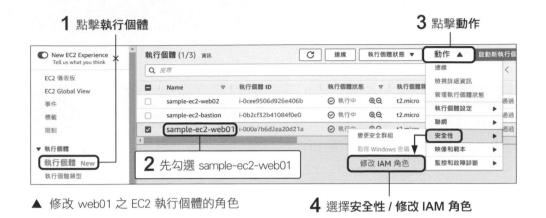

▲ 修改 web01 之 EC2 執行個體的角色

4 選擇**安全性 / 修改 IAM 角色**

 NOTE

提醒：上圖中兩個網頁伺服器必須輪流一個個設定, 若同時選擇 sample-ec2-web01 與 sample-ec2-web02, 會無法選擇第 4 步的**修改 IAM 角色**功能, 因此待會 sample-ec2-web01 操作完後, 請依相同的步驟來設定 sample-ec2-web02。

接著, 在「**IAM 角色 (IAM role)**」欄位選擇剛才建立的角色 "sample-role-web", 選擇完畢後點擊「**儲存 (Save)**」按鈕：

▲ 連接剛才建立的角色

這樣一來，剛才建立的角色就連接到 web01 的 EC2 執行個體
(sample-ec2-web01) 了：

▲ 已成功連接剛才建立的角色

接下來請以同樣的步驟，將剛才建立的角色連接到 web02 這個 EC2
執行個體 (sample-ec2-web02)，這樣就完成設定了。

9.4　確認連線是否正常

本節將嘗試把資料存放在 S3 中，確認能否正確運作。由於 Amazon
Linux 2 (網頁伺服器) 有提供操作 S3 等 AWS 資源的指令，我們可以先
登入網頁伺服器，然後在裡頭下上傳檔案的指令，把您想要的檔案上傳到
S3 儲存貯體。

首先開啟兩個 PowerShell 視窗，分別透過 SSH 連線 web01 及
web02 網頁伺服器：

執行結果

```
PS C:¥Users¥nakak> ssh web01  ◄── 登入伺服器
[ec2-user@ip-10-0-67-66 ]$
```

執行結果

```
PS C:¥Users¥nakak> ssh web02  ◄── 登入伺服器
[ec2-user@ip-10-0-80-12 ]$
```

接著請建立一個測試用的 test.txt 文字檔：

> **★ 編註** 請注意, 這個測試檔是要存放在 web01 伺服器上面, 您可以參考 7-3
> 節的介紹, 在 web01 伺服器中使用 vim 編輯工具來建立文件並儲存下來。

▼ test.txt

```
This is a test file.  ◄── 文件內容簡單即可
```

備妥文件後, 使用 **aws s3 cp** 指令即可將檔案上傳至 S3, 指令如下：

執行結果　**上傳測試檔案**

```
                     這裡的「儲存貯體名稱」請替換成剛才建立的
                     S3 儲存貯體名稱。本例使用的是「flag2-aws-intro-
指定檔案名稱           sample-upload」, 請執行這個指令
       ↓
$ aws s3 cp test.txt s3: //儲存貯體名稱 ◄──┘

upload: ./test.txt to s3://儲存貯體名稱/test.txt ◄── 上傳完成
```

> **★ 編註** 本例的完整指令為 aws s3 cp test.txt s3://flag2-aws-intro-sample-
> upload。

若執行後未顯示錯誤, 即表示上傳完成。

由於 S3 儲存貯體就相當於 AWS 上的一個雲端檔案空間, 因此我們也可以直接以瀏覽器連到 AWS 網站確認檔案是否有在上頭。我們就利用 S3 儀表板檢查看看吧!

點開左側「**儲存貯體 (Buckets)**」的畫面, 並點擊我們所建立的儲存貯體, 確認測試檔案是否已上傳成功:

▲ 顯示儲存貯體的資訊畫面

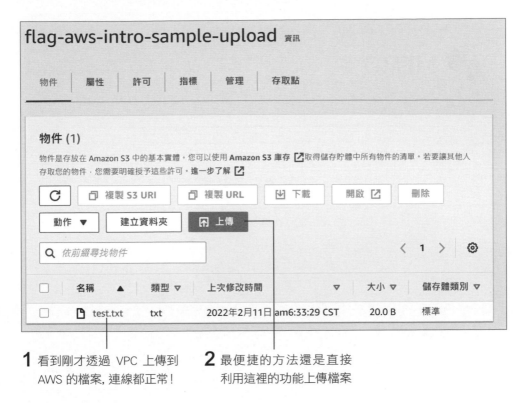

1 看到剛才透過 VPC 上傳到 AWS 的檔案, 連線都正常!

2 最便捷的方法還是直接 利用這裡的功能上傳檔案

▲ 確認檔案已上傳

　　如此一來, S3 儲存貯體的連線檢查就完成了。回顧本章, 我們建立了一個用來儲存上傳檔案的 sample-upload 儲存貯體, 在第 13 章中, 我們在部署範例的社群網站時, 就會用 S3 來存放會員 Po 文時所附上的圖片檔。而在第 11 章, 我們會另外再建一個 sample-mailbox 儲存貯體, 用來測試存放系統所收到的 Email 信件, 總之凡需要存放大量、同性質的檔案物件, S3 就可以派上用場!

MEMO

第 **10** 章

自訂網域並建立安全連線 - 使用 Route 53 服務

將 Web 應用程式發佈到網路時，通常會申請一個好記的網域名稱 (Domain name) 讓使用者方便連線，我們就來看 AWS 如何處理網域名稱的問題。本章會替我們前面架設好的網頁伺服器申請一個網域名稱，這裡用到的是 AWS 的 DNS 服務 – **Amazon Route 53**。我們也會替申請到的網域申請 SSL 伺服器憑證，提高外部使用者連線時的安全性。

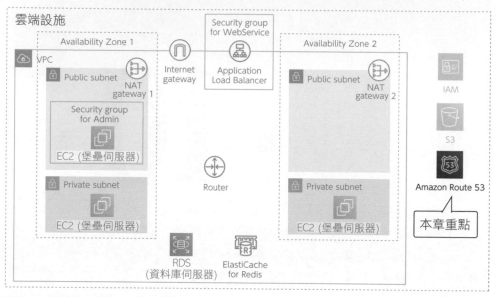

▲ 第 10 章要佈建的資源

10.1 DNS 與 SSL 安全連線簡介

介紹 Amazon Route 53 前，我們先來看操作時會涉及的兩個概念，分別是 DNS 功能，以及與網域驗證 (Domain Validation) 相關的 SSL 伺服器憑證發行功能。

10.1.1 DNS 簡介

在網際網路中, 使用者想連到某一網站通常不是直接輸入 IP 位址, 而是輸入 facebook.com、amazon.com 這樣的**網域名稱**, 將網域名稱轉換成 IP 位址的動作稱為**名稱解析** (Name resolution), 而當使用者輸入網域名稱時, 在背後提供名稱解析功能的就是 DNS (Domain Name System, **網域名稱系統**) 服務了。

DNS 會根據網域的階層, 以分層的方式來管理網域名稱, 也就是說, 每一個網域都會有一台負責管理該網域的 DNS 伺服器。當使用者連到某網域名稱時就會啟動背後的查詢動作, 無論想查詢哪一台 DNS 伺服器 (如底下 3 種情況), 都可以將世界上所有的網域名稱轉換成 IP 位址, 這樣使用者就可以順利連到該 IP 的伺服器了。以上的查詢動作是由以下機制完成的：

● 若處理的剛好是 DNS 伺服器管理的網域, 即傳回內部所記錄的對應 IP。

● 若處理的是 DNS 伺服器管理的網域之「子」網域, 即轉向管理該子網域的 DNS 伺服器查詢。

● 除此之外的網域, 則向自身所屬的「上級」 DNS 伺服器查詢。

舉例來說, 假設現在要向負責管理 .shoeisha.com.tw 的 DNS 伺服器查詢 b.shoeisha.com.tw 的 IP 位址 (下圖的 A-❶), 由於 b.shoeisha.com.tw 剛好就在 DNS 伺服器的管理範圍, 因此傳回「b.shoeisha.com.tw 的 IP 位址為 222.222.222.222」(A-❷)：

▲ 同一層網域名稱的解析

接下來, 假設要繼續對同一台 DNS 伺服器查詢 google.com.tw 的 IP (B-❶)。最前面的 "google" 顯示這並不在這部 DNS 伺服器的管理範圍內, 也不在其下任何子網域 xxx.shoeisha.com.tw 的管理範圍, 此時就會轉向管理 com.tw 網域的「上級」 DNS 伺服器查詢 (B-❷)。然後管理 com.tw 網域的 DNS 伺服器就可以向其下管理 google.com.tw 網域的 DNS 伺服器提出查詢 (B-❸), 該 DNS 伺服器便傳回對應至網域名稱 google..com.tw 的 IP 位址 (B-❹)。

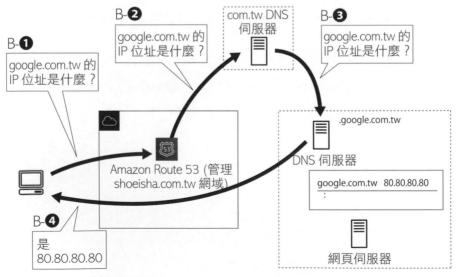

▲ 不同層網域名稱的解析

本章要介紹的 Amazon Route 53 服務, 就具備註冊網域名稱以及 DNS 伺服器的功能。

10.1.2 SSL 伺服器憑證簡介

使用者用瀏覽器上網時, 使用的不外乎是 HTTP 或 HTTPS 協定, 兩者的差別在於 HTTPS 協定為加密狀態, 從瀏覽器發送到網頁伺服器的加密資料, 可以利用伺服器管理者的秘密金鑰恢復成原始資料。但經營者也可能會被冒充, 而冒充者可以另外建立出網站來解密並且竊取資料, 因此後來就出現了可以擔保不會再發生這種欺詐事件的機構, 稱為**憑證授權機構 (Certificate Authority, CA)**, 這種機構用來擔保的就是 **SSL 伺服器憑證 (SSL server certificate)**:

使用安全連線時會看到鎖頭圖示, 只要
點擊鎖頭就可以檢查 SSL 伺服器憑證

AWS 擁有憑證授權功能，只要是用 AWS 建置的網站，都可以免費發行 SSL 伺服器憑證。SSL 伺服器憑證有分為幾種等級，主要為以下 3 種：

- **網域驗證 (Domain Validation, DV) 憑證**：保證網域名稱的正確。

- **組織驗證 (Organization Validation, OV) 憑證**：保證網域名稱之正確性與管理網域的公司名稱。

- **延伸驗證 (Extended Validation, EV) 憑證**：保證管理網域之公司的存在與可靠性。

以上 3 種憑證，越往下，需要經過的審查就越嚴格，但使用者對於網站的信賴度也會越高，只是需要的成本也會增加。請注意，AWS 只提供第 1 種**網域驗證 (DV) 憑證**。

10.2　認識 AWS 的 Route 53 網域功能

前面提到，AWS 的 Route 53 服務具備「註冊網域名稱」以及「DNS 伺服器」功能，這一節先大致介紹它們的概念，後續實作時會更清楚。

10.2.1　註冊網域名稱（於 10.3 節實作）

想讓網頁應用程式有獨有的網域名稱，一開始要向管理網域的組織申請，例如下圖是申請 shoeisha.com.tw 網域的示意圖：

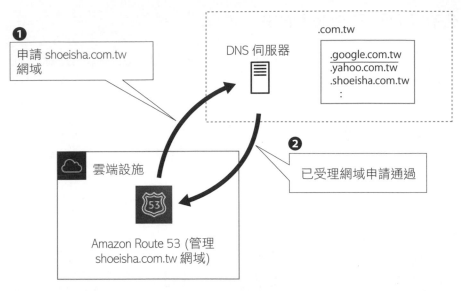

▲ 註冊網域名稱

　　申請作業很簡單, 向管理 .com.tw 的組織提出申請後 ❶, 通過後便可取得該網域名稱 ❷。一般的情況下, 要申請網域要自己找機構申請 (編：例如 TWNIC 網路資訊中心), 但在 AWS 上, 直接用 Route 53 服務就可以進行付費申請。

10.2.1 Route 53 的 DNS 功能
(於 10.4 節、10.5 節實作)

　　Route 53 是 AWS 的託管服務之一, 負責提供 DNS 伺服器功能。雖然即便不用 Route 53, 也可以使用 EC2 執行個體搭配開放原始碼的 DNS 工具自己建一個 DNS 伺服器, 但是考量穩定性、性價比, 以及與負載平衡器的搭配等優勢之後, 建議還是用 Route 53 來處理比較好。

　　以 Route 53 建立的 DNS 伺服器, 依用途會區分以下 2 種類型：

● **公有 DNS (Public DNS)**：對外公開的 DNS 伺服器 (10.4 節)。

● **私有 DNS (Private DNS)**：不對外公開的 DNS 伺服器 (10.5 節)。

🌐 公有 DNS (Public DNS)

用來解析公開伺服器的網域名稱, 讓使用者得以透過網際網路進行通訊。公有 DNS 在進行網域名稱解析後, 就會傳回公有 IP:

▲ 公有 DNS 的運作

🌐 私有 DNS (Private DNS)

用於 VPC 內部各種資源 (如 EC2、資料庫伺服器等) 的命名與管理, 將 EC2、資料庫等伺服器都冠上一個私有網域名稱, 連線時會比較好記。私有 DNS 伺服器在進行名稱解析後, 會傳回內部伺服器的私有 IP 位址:

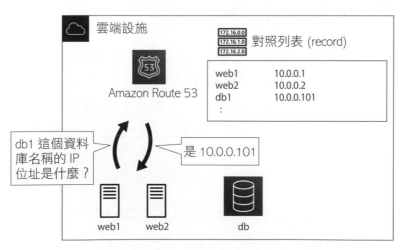

▲ 私有 DNS 的運作

下表是公有、私有兩種 DNS 伺服器的比較：

▼ 公有 DNS 與私有 DNS 之比較

	公有 DNS	私有 DNS
用途	進行公開伺服器的名稱解析	進行系統內部伺服器的名稱解析
取得網域名稱	必要	不需要
管理的 IP 位址	公有 IP	私有 IP

10.3　申請網域名稱

本節就先利用 AWS 申請一個網域名稱, 需要的設定如下：

▼ 申請網域名稱需要的設定

欄位	設定值	說明
網域名稱	各使用者獨有的資訊	網域名稱。必須是全世界唯一的名稱。本書申請的是 flag-aws-intro-sample.com ★編註 一般不會用這麼長的名稱, 而是用 google、yahoo 這樣儘可能簡短好記, 由於本書是練習之用就不在意了
網域註冊者的資訊	註冊者的地址和姓名等	可以是公司或個人

當透過 AWS 取得網域名稱, 就會自動在 Route 53 中建立出一個公有 DNS 伺服器。

10.3.1　搜尋可用的網域名稱

開始申請吧！首先, 從 AWS 主控台畫面左上角的「**服務 (Services)**」選單中點擊「**聯網與內容交付 (Networking & Content Delivery)**」→「**Route 53**」, 開啟 Route 53 的儀表板。

接著點開左側「**已註冊的網域 (Registered domains)**」的畫面，並點擊「**註冊網域 (Register Domain)**」的按鈕：

▲ 開始註冊網域名稱

第一步是選擇網域名稱。選擇時基本上都會是「一個自訂名稱 + TLD (頂級域)」的組合。TLD (Top-level Domain) 就是指 .com.tw 或 .com.tw 這種負責分配個別網域的頂級域。

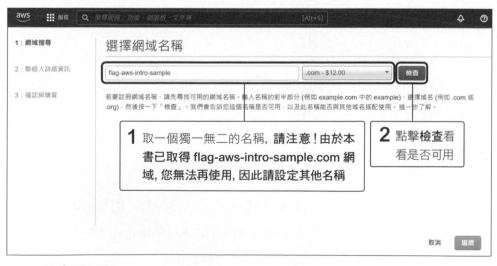

▲ 1：設定網域名稱

　　好記的網域可能已經被捷足先登，因此在上圖中點擊「**檢查**」按鈕，可以確認是否可用，同時也可以查看網域名稱的價格。待確認選擇的網域尚未被使用之後，在下圖點擊「**加入購物車 (Add to cart)**」的按鈕，就能看到剛才選擇的網域被加入了畫面右側的購物車當中。請點擊底下的「**繼續 (Continue)**」按鈕：

編註：提醒讀者，申請網域是要額外付費的喔！一年為 12 美元，待會會先刷卡付費

1 點擊加入購物車

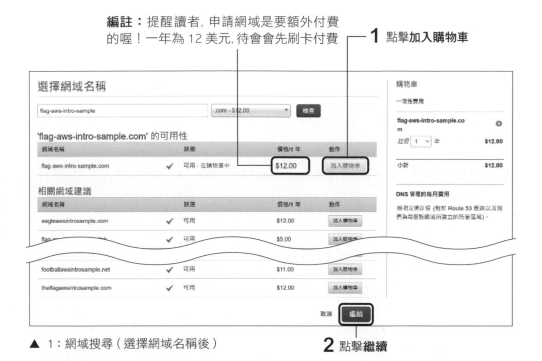

▲ 1：網域搜尋（選擇網域名稱後）

2 點擊繼續

 NOTE

上圖中「相關網域建議 (Related domain suggestions)」會一併列出其他 TLD 的網域名稱供申請者選購，為什麼需要其他的呢？因為當您為商業目的申請網域名稱時，有可能需要預防性地購買其他容易混淆的網域名稱。舉例來說，mcdonalds.com 代表美國麥當勞網站，萬一 mcdonalds.com.tw 這個台灣網域不屬於麥當勞，而落到了一家雜貨店或某個地下組織，就有可能導致社會大眾對這個品牌產生不信賴感。當然，本書只是為範例應用程式做準備，申請一個就好了，不會加購其他相關網域。

10.3.2 填寫聯絡人詳細資訊

第 2 步是註冊網域的聯絡人資訊。請在畫面中輸入網域的註冊、管理及技術聯絡人的詳細資訊。若是以個人身分取得，則上述資訊均應相同。若是由大型企業取得，則聯絡人資訊就可能有所不同。請根據實際情況做選擇。

❶ 聯絡人類型 (Contact Type)：選擇取得此網域的是個人還是組織。此處輸入的聯絡人資訊將會是公開資訊，任何人皆可查詢。但若選擇「個人」，則可在後續設定中將輸入內容設為非公開。

❷ 名字、姓氏等 (First Name、Last Name)：輸入聯絡人的姓名及地址等。

❸ 隱私權保護 (Privacy Protection)：若網域取得者為個人，請進行隱私權保護的設定。選擇「**啟用 (Enable)**」，即可將原本公開的聯絡人資訊隱藏起來。

設定完成後，點擊「**繼續 (Continue)**」按鈕：

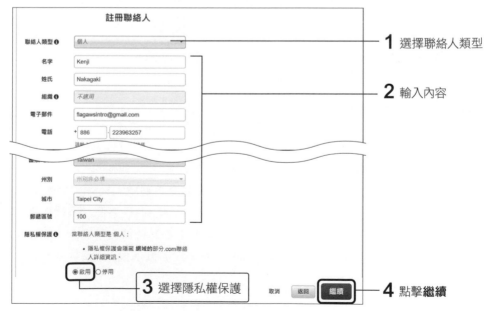

▲ 2：填寫聯絡人詳細資訊

NOTE

第一次在 AWS 上申請網域時, 可能會看到如下圖的對話框, 這是在告知為防止惡意搶註網域, 您必須通過電子郵件的驗證。請點擊「**我了解**」按鈕, 繼續下一步。

略過電子郵件驗證	✕

您可能暫時無法收到我們傳送的驗證電子郵件。如果您的電子郵件 flagawsintro@gmail.com 無誤, 您可以繼續註冊網域, 待稍後收到電子郵件再加以驗證。您必須在 15 天內按下電子郵件中的連結, 否則網域在網際網路上就會無法使用。

我了解

▲ 電子郵件驗證步驟

點擊**我了解**, 接著等 AWS 寄信給您後, 通過驗證即可

◆**編註** 依小編實際操作, 驗證電子郵件的步驟也可能出現在後續送出訂單之後, 總之必須通過一次。

10.3.3　確認購買

接著要確認您所輸入的內容. 確認完畢之後, 選擇是否要自動續約網域。在「**是否要自動續約網域?**」中選擇「**啟用 (Enable)**」❶, 網域就會在即將到期時自動續約。續約域名的費用也會計入帳戶當中。此設定之後還可以再更改。

接著請仔細閱讀「**條款與條件 (Terms and Conditions)**」, 確認後勾選底下的多選鈕 ❷。

最底下會顯示電子郵件的驗證狀態。若狀態顯示為未驗證，請檢查是否有收到 AWS 寄來的電子郵件，並依照郵件內的指示通過驗證。依照指示操作後，狀態就會變更為已驗證 (編：若沒有出現驗證狀態，應該是您的 Email 已通過驗證)。

上述步驟均完成之後，點擊「**完成訂單** (Complete Order)」的按鈕 ❸就可以送出資料：

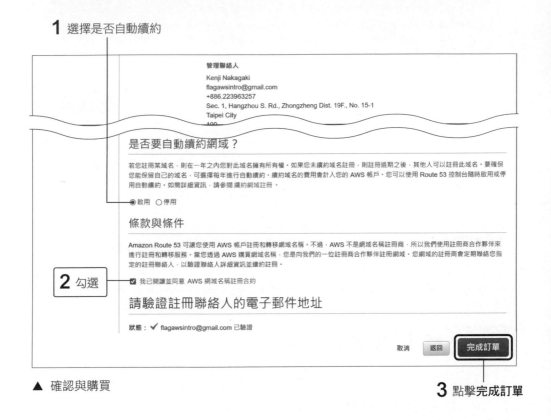

1 選擇是否自動續約

管理聯絡人

Kenji Nakagaki
flagawsintro@gmail.com
+886.223963257
Sec. 1, Hangzhou S. Rd., Zhongzheng Dist. 19F., No. 15-1
Taipei City
100

是否要自動續約網域？

若您註冊某域名，則在一年之內您對此域名擁有所有權。如果您未續約域名註冊，則註冊過期之後，其他人可以註冊此域名。要確保您能保留自己的域名，可選擇每年進行自動續約。續約域名的費用會計入您的 AWS 帳戶。您可以使用 Route 53 控制台隨時啟用或停用自動續約。如需詳細資訊，請參閱 續約網域註冊。

● 啟用　○ 停用

條款與條件

Amazon Route 53 可讓您使用 AWS 帳戶註冊和轉移網域名稱。不過，AWS 不是網域名稱註冊商，所以我們使用註冊商合夥伴來進行註冊和轉移服務。當您透過 AWS 購買網域名稱，您是向我們的一位註冊商合夥伴註冊網域。您網域的註冊商會定期聯絡您指定的註冊聯絡人，以驗證聯絡人詳細資訊並續約註冊。

2 勾選　☑ 我已閱讀並同意 AWS 網域名稱註冊合約

請驗證註冊聯絡人的電子郵件地址

狀態：✓ flagawsintro@gmail.com 已驗證

取消　返回　**完成訂單**

▲ 確認與購買

3 點擊**完成訂單**

從完成訂單到取得網域可能需要數小時到數天的時間，請耐心等候：

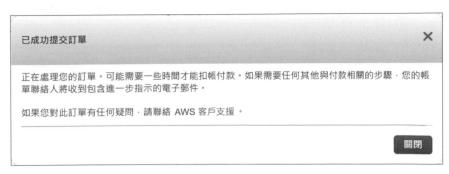

▲ 已成功提交訂單

> **◇編註** 小編實作時, 從送出訂單 → 收到刷卡付費通知 → 網域可正常使用,
> 僅約 40 分鐘, 提供給讀者參考。

　　在網域開始運作前, 我們可以透過 Route 53 儀表板的「**待處理的請求
(Pending requests)**」檢視該網域的申請狀態:

▲ 待處理的請求

　　待整個購買流程結束之後, 就可以在 Route 53 儀表板的「**已註冊的網
域 (Registered domains)**」中看到該網域了:

已註冊好的網域

▲ 已註冊的網域

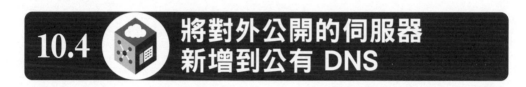

透過 Route 53 申請好網域之後, 便會自動建立出公有 DNS 來管理該網域, 因此本節將接續介紹如何將以下 2 個可由外部直接存取的伺服器新增至公有 DNS 中:

● 堡壘伺服器 (於第 5 章建立完成)。

● 負載平衡器 (於第 7 章建立完成)。

10.4.1 將公開的資源新增至公有 DNS

首先, 從 AWS 主控台的「**服務 (Services)**」選單中開啟 Route 53 儀表板。接著點開左側「**託管區域 (Hosted zones)**」的畫面, 這裡可以檢視網域的託管區域。

我們來將堡壘伺服器與負載平衡器的資訊, 透過編輯 DNS 的紀錄集 (record) 新增至 DNS 中。請在畫面中選擇網域名稱, 並點擊「**檢視詳細資訊 (View details)**」的按鈕:

> **★ 編註** DNS 有多種紀錄 (record) 類型, 比較常見的是 A record, 主要就是將網域轉為 IP 位址, 後續還會看到 CNAME 這種 record, 可將網域名稱對應到另一個網域名稱 (或主機名稱), 本書大致知道這些即可, 針對 DNS 的知識想了解更多請自行上網查找相關資料。

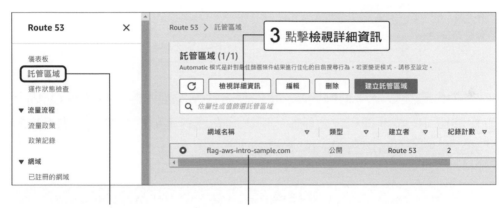

1 點擊**託管區域**　　**2** 這個就是自動建立好的公有 DNS, 請選擇它

▲ 託管區域

　NOTE

如果您是從其他機構申請到網域, 也可以利用 Route 53 的公有 DNS 來管理, 但必須先透過該機構將其管理的網域移至 AWS, 詳情請參考 Route 53 的線上文件。

▼ 將 Route 53 做為使用中網域的 DNS 服務

URL https://docs.aws.amazon.com/zh_tw/Route53/latest/DeveloperGuide/migrate-dns-domain-in-use.html

🔷 新增堡壘伺服器的資訊

首先來將堡壘伺服器的資訊新增至公有 DNS, 需要的設定項目如下:

▼ 堡壘伺服器的設定項目

項目	值	說明
紀錄名稱	bastion	堡壘伺服器的名稱, 從外部要連線的網址就會是「bastion.您的網域名稱.com」
紀錄類型	A – 將流量路由到 IPv4 位址和一些 AWS 資源	直接指定 IP 位址之類型
值／將流量路由至	IP 地址或其他值, 視紀錄類型而定	設定路由目的地之方法
	堡壘伺服器的公有 IP	路由目的地之資訊

第 5 章建好堡壘伺服器時, 該伺服器就被指派一個公有 IP 了, 因此直接註冊 IP 位址即可。開始設定吧!請在託管區域的詳細資訊畫面點擊「**建立紀錄 (Create record)**」的按鈕:

▲ 託管區域詳細資訊

步驟 1：選擇路由政策 (Choose routing policy)

首先，設定欲新增的路由政策，我們要將網域名稱分配給「堡壘伺服器」這個資源。請選擇「**簡單路由 (Simple routing)**」，並點擊「**下一步 (Next)**」：

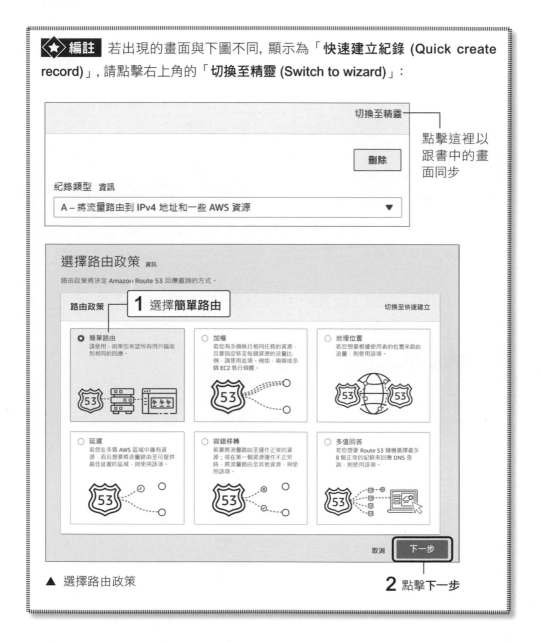

▲ 選擇路由政策

步驟 2：設定紀錄 (Configure records)

接著就要設定 DNS 紀錄了, 請點擊「**定義簡易紀錄 (Define simple record)**」：

▲ 設定紀錄（堡壘伺服器）

在「定義簡易紀錄」的畫面中設定堡壘伺服器的資訊：

▲ 定義簡易紀錄（堡壘伺服器）

❶ 輸入預先決定的名稱, 此例為 bastion, 如此一來外部的連線網址就會是「bastion.您的網域名稱.com」

❷ 選擇 A record 這一項, 以便能夠指定 IP 位址

❸ 選擇「**IP 地址或其他值, 視紀錄類型而定 (IP address or another value, depending on the record type)**」後, 會出現輸入 IP 位址的欄位, 請輸入 EC2 執行個體 (此例為堡壘伺服器) 的公有 IP 位址

❹ 設定完畢後, 點擊**定義簡易紀錄 (Define simple record)**

 NOTE

請注意, 上圖 ❸ 的地方要設定堡壘伺服器的「公有」IP 位址, 請不要輸入成私有 IP 了, 公有 IP 位址可在 EC2 儀表板上查到:

1. 從 AWS 主控台畫面左上角的「**服務 (Services)**」選單中開啟 EC2 的儀表板。

2. 點擊建立好的 EC2 執行個體, 開啟摘要畫面並點擊上方的「**連線 (Connect)**」按鈕。

接下頁

3. 畫面就會顯示該 EC2 執行個體的「公有 IP 地址」了。

EC2 > 執行個體 > i-0b2cf32b41084f0e0 > 連線至執行個體

連線至執行個體 資訊
使用任何這些選項連線至執行個體 i-0b2cf32b41084f0e0 (sample-ec2-bastion)

| EC2 Instance Connect | Session Manager | SSH 用戶端 | EC2 序列主控台 |

執行個體 ID
📋 i-0b2cf32b41084f0e0 (sample-ec2-bastion)

公有 IP 地址
📋 54.199.144.23

使用者名稱

ec2-user

如需進行連線，則可以採用自訂使用者名稱，或是用來啟動執行個體的 AMI 預設使用者名稱 ec2-user。

ⓘ **注意：**大多數情況下，猜測的使用者名稱正確無誤。不過，請閱讀您的 AMI 使用說明，以檢查 AMI 擁有者是否已變更預設 AMI 使用者名稱。

bastion 的公有 IP 位址

🔘 新增負載平衡器的資訊

到此為止，設定尚未完成，必須點擊下圖右下角的**建立紀錄**才會真的送出資料，不過在此之前，我們要繼續新增另一個負載平衡器的資訊。請再次點擊「**定義簡易紀錄 (Define simple record)**」的按鈕，以進行負載平衡器的設定：

點擊**定義簡易紀錄**

▲ 設定紀錄（負載平衡器）

註：先不要點擊這裡送出堡壘伺服器的資訊

負載平衡器的設定項目如下：

▼ 負載平衡器的相關設定項目

項目	值	說明
紀錄名稱	www	負載平衡的名稱, 如此一來從外部要連線的網址就會是「www.您的網域名稱.com」
紀錄類型	A – 將流量路由到 IPv4 地址和一些 AWS 資源	直接指定 IP 位址之類型
值/將流量路由至	Application 和 Classic Load Balancer 的別名	設定路由目的地之方法
	亞太區域 (東京)	負載平衡器的所在區域
	負載平衡器	選擇區域後, 即可選擇負載平衡器

▲ 定義簡易紀錄（負載平衡器）

❶ 輸入預先決定的名稱, 此例為 www, 外部的連線網址就會是「www.您的網域名稱.com」

❷ 同樣選擇 A record

❸ 選擇「Application 和 Classic Load Balancer 的別名」後, 會出現輸入負載平衡器資訊的欄位。請依序選擇區域與負載平衡器

❹ 設定完畢後, 點擊「定義簡易紀錄 (Define simple record)」

如此一來, 堡壘伺服器與負載平衡器的資訊, 就都新增至公有 DNS 的
紀錄中了。最後再點擊「**建立紀錄 (Create records)**」的按鈕, 將這 2 個
紀錄的設定內容送出至 Route 53：

▲ 將紀錄的設定內容送出至 Route 53 中　　　　點擊**建立紀錄**以送出資料

以上就是將堡壘伺服器與負載平衡器的資訊新增至公有 DNS 的步
驟。

10.4.2　檢查網域的運作是否正常

接著來檢查網域的運作是否正常, 在 Windows 系統中可以利用
nslookup 指令來確認網域名稱能否正確轉換為 IP 位址。

解析堡壘伺服器所使用的網域

首先檢查堡壘伺服器的網域名稱是否已經可以運作, 此例名稱就是
bastion.flag-aws-intro-sample.com。

網域名稱解析 (堡壘伺服器)

```
PS C:\Users\nakak> nslookup bastion.aws-intro-sample.com

伺服器: UnKnown
Address: 192.168.11.1

未經授權的回答:
名稱: bastion.flag-aws-intro-sample.com
Address: 54.199.144.23 ←── 解析成功
```

執行結果可見, bastion.flag-aws-intro-sample.com 已成功解析成 10-21 頁所指定的 IP 位址。

解析負載平衡器所使用的網域

接著檢查負載平衡器的網域 www.aws-intro-sample.com：

網域名稱解析 (負載平衡器)

```
PS C:\Users\nakak> nslookup www.aws-intro-sample.com

伺服器: UnKnown
Address: 192.168.11.1

未經授權的回答:
名稱: www.aws-intro-sample.com
Address: 52.199.204.81
        54.238.149.140
```

執行結果可見, www.flag-aws-intro-sample.com 網域名稱也順利解析出 2 個 IP 位址。附帶一提, 這種一個網域名稱對應到多個 IP 位址的做法, 通常會用在需要處理大量請求的負載平衡器等機制之上。若能在外部的 request 數量增加時, 順勢增加 IP, 處理能力就會獲得大幅提升。

回頭修改 .ssh/config 檔：使用網域名稱來連線

既然現在堡壘伺服器已經有網域名稱了, 那麼第 6 章 C:\Users\使用者名稱\.ssh 路徑下的 config 檔案也改以網域名稱來設定吧！

▼ 6.3.1 節 multi-hop 連線的設定檔 (檔案存放路徑在 .ssh/config)

```
Host bastion
    Hostname bastion.flag-aws-intro-sample.com ◄── 原本這裡是設定
    User ec2-user                                   IP 位址 , 改為網
    IdentityFile ~/.ssh/nakagaki.pem                域名稱

Host web01
    Hostname 10.0.69.26
    User ec2-user
    IdentityFile ~/.ssh/nakagaki.pem
    ProxyCommand ssh.exe bastion -W %h:%p

Host web02
    Hostname 10.0.69.27
    User ec2-user
    IdentityFile ~/.ssh/nakagaki.pem
    ProxyCommand ssh.exe bastion -W %h:%p
```

10.5　建立私有 DNS

　　接下來要介紹如何建立私有 DNS 了。私有 DNS 純粹是內部自己用,只要建立好私有 DNS 並註冊好各種 VPC 當中的資源, 當要與 VPC 內部的伺服器通訊時, 就可以使用易懂、好記的名稱, 不用再記私有 IP 位址, 例如以 bastion.home 就可以連到內部的堡壘伺服器, 此例的私有網域名稱就是我們自己取名的 home, 好記又不會與真實世界存在的網域重覆, 因此建議將 VPC 內的資源盡量都註冊在私有 DNS 中。

10.5.1　先一覽設定內容

　　下表是建立私有 DNS 所需的資訊:

▼ 私有 DNS 的設定項目

項目	值	說明
網域名稱	home	內部自己用的網域
VPC 名稱	sample-vpc	要在哪個 VPC 建立私有 DNS
資源名稱	**堡壘伺服器** bastion	各伺服器的前綴名稱
	網頁伺服器 web01	
	網頁伺服器 web02	
	資料庫伺服器 db	

　　重申一下, 在上表的「網域名稱」部分, 不能與世界上普遍公開的網域名稱重複, 例如您不能取 .yahoo 這樣已經早已存在世界上的網域名稱, 否則在解析時會分不清該向外部的 DNS 查詢還是內部的 DNS 查詢。以下提供幾個現階段不太會重複的私有網域名稱：

- .corp

- .home

- .mail

- .internal

　　這些網域或子網域都可以在內部使用, 不過 AWS 本身會在內部使用「.internal」這個網域名稱, 因此也請避免使用, 本書範例選用的是「.home」。

　　此外, 私有 DNS 只能在 1 個 VPC 內使用, 無法跨越多個 VPC 進行名稱解析, 這點請稍微知道就好 (編：本書只建一個 VPC 所以不用擔心這個問題)。

10.5.2　建立私有 DNS 的流程

接下來, 就開始正式建立私有 DNS 吧！

確認是否可以使用私有 DNS

首先, 檢查 VPC 是否已啟用私有 DNS 相關功能。請從 AWS 主控台的「**服務 (Services)**」選單中開啟 VPC 的儀表板。點開左側「**您的 VPC (Your VPCs)**」畫面後, 請點擊先前建好的 sample-vpc, 請確定以下 2 項設定皆已「啟用 (Enabled)」：

● **DNS 主機名稱** (DNS hostnames)：必須是「已啟用」。

● **DNS 解析** (DNS resolution)：必須是「已啟用」。

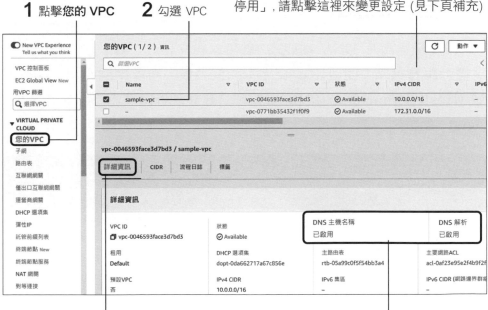

▲ 確認 VPC 的資訊

若「DNS 主機名稱」顯示「已停用 (Disabled)」，請在上圖畫面上方點擊「**動作 (Actions)**」，選擇「**編輯 DNS 主機名稱 (Edit DNS hostnames)**」來更改設定：

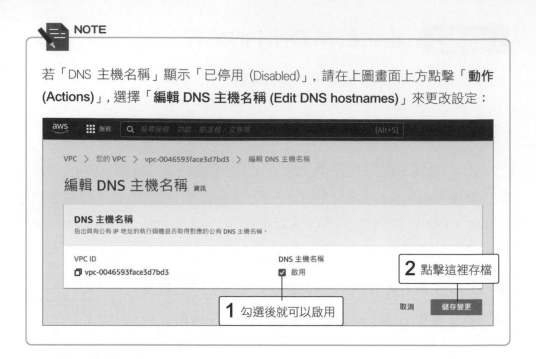

建立託管區域

啟用前述兩個 DNS 功能後，就可以建立私有 DNS 了。從 AWS 主控台**服務**選單中開啟 Route 53 的儀表板。接著點開左側「**託管區域 (Hosted zones)**」的畫面，並點擊「**建立託管區域 (Create hosted zone)**」的按鈕：

▲ 開始建立託管區域

接著設定託
管區域的資訊：

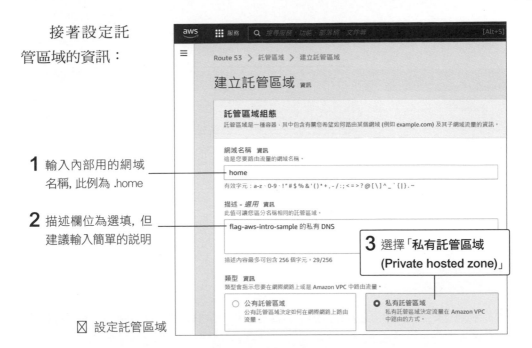

1 輸入內部用的網域
名稱，此例為 .home

2 描述欄位為選填，但
建議輸入簡單的說明

3 選擇「私有託管區域
(Private hosted zone)」

☒ 設定託管區域

選擇後，底下會出現「**要與託管區域關聯的 VPC (VPCs to associate
with the hosted zone)**」畫面，其中會包含「VPC ID」的選擇欄位：

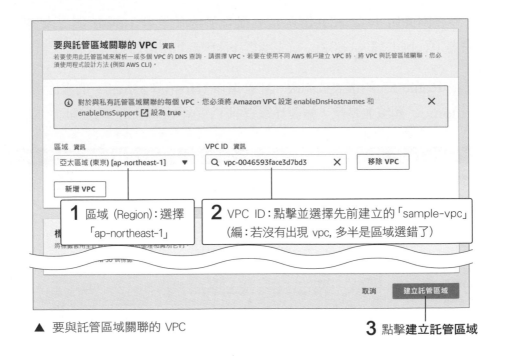

1 區域 (Region)：選擇
「ap-northeast-1」

2 VPC ID：點擊並選擇先前建立的「sample-vpc」
（編：若沒有出現 vpc，多半是區域選錯了）

▲ 要與託管區域關聯的 VPC

3 點擊**建立託管區域**

如此一來, 私有 DNS 就建立完成了:

▲ 建立完成

接下來, 將之前建立的 EC2 與 RDS 等資源新增至剛才建立的私有 DNS 中。

10.5.3 將 EC2 的資訊新增至私有 DNS

本書前面用 EC2 總共建立了 1 個堡壘伺服器 (bastion) 與 2 個網頁伺服器 (web01 與 web02), 首先就從 bastion 開始吧!

從 Route 53 的儀表板開啟「**託管區域 (Hosted zones)**」的畫面後, 選擇「**home**」網域並點擊「**檢視詳細資訊 (View details)**」的按鈕:

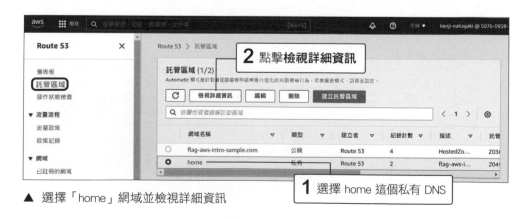

▲ 選擇「home」網域並檢視詳細資訊

待畫面中顯示詳細資訊後，點擊「**建立紀錄 (Create record)**」的按鈕來建立 DNS record：

▲ 建立紀錄

🔘 步驟 1：選擇路由政策 (Choose routing policy)

出現選擇路由政策的畫面之後，選擇「**簡單路由 (Simple routing)**」並點擊「**下一步 (Next)**」：

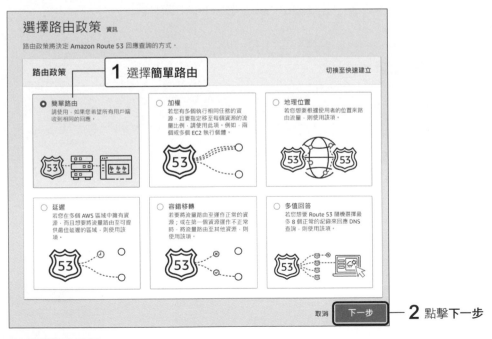

▲ 選擇路由政策

步驟 2：設定紀錄 (Configure records)

點擊「**定義簡易紀錄 (Define simple record)**」的按鈕開始新增設定：

▲ 設定紀錄

點擊**定義簡易紀錄**

在「定義簡易紀錄」的畫面中設定堡壘伺服器的資訊：

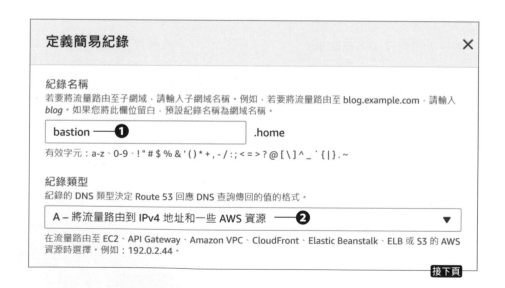

▲ 定義簡易紀錄 (bastion)

---

❶ 輸入預先決定的 EC2 名稱, 此例為 bastion, 如此一來內部的連線位址就會
是 bastion.home

❷ 選擇 A record 這一項, 以便能夠指定 IP 位址

❸ 選擇「**IP 地址或其他值, 視紀錄類型而定 (IP address or another value,
depending on the record type)**」後, 會出現輸入 IP 位址的欄位, 請指定
bastion 伺服器的私有 IP 位址

❹ 設定完畢後, 點擊**定義簡易紀錄**

 NOTE

請注意, 上圖 ❸ 的地方要設定的是堡壘伺服器的「私有」IP 位址, 請不要輸入
成公有 IP 了, 私有 IP 位址可在 EC2 儀表板上查到:

1. 從 AWS 主控台畫面左上角的「**服務 (Services)**」選單中開啟 EC2 的儀表
板。

接下頁

2. 點擊建立好的 EC2 執行個體，開啟摘要畫面並點擊上方的「**連線 (Connect)**」按鈕。

3. 畫面就會顯示該 EC2 執行個體的「私有 IP 地址」了。

記下被分配到的私有 IP 位址

執行個體：i-0819ade6eb76b8149 (sample-ec2-bastion)

選取上方的執行個體

| 詳細資訊 | 安全性 | 聯網 | 儲存 | 狀態檢查 | 監控 | 標籤 |

▼ 執行個體摘要 資訊

| 執行個體 ID | 公有 IPv4 地址 | 私有 IPv4 地址 |
| i-0819ade6eb76b8149 (sample-ec2-bastion) | 3.112.175.6 \| 開啟地址 | 10.0.1.39 |

| IPv6 地址 | 執行個體狀態 | 公有 IPv4 DNS |
| – | ⊘ 執行中 | ec2-3-112-175- 開啟地址 |

到此為止，設定尚未完成，必須點擊下圖的**建立紀錄**才會送出資料，不過在此之前，我們要繼續新增其他兩個 EC2 的資訊 (即 web01、web02 網頁伺服器)。請再次點擊「**定義簡易紀錄 (Define simple record)**」的按鈕：

由於步驟都相同，這裡就不贅述，請依序完成 web01 與 web02 的資訊。

> ★ **編註** 前面 ❶ 的設定分別是 web01.home 以及 web02.home，❸ 的設定中，兩者的私有 IP 可以到 EC2 儀表板，點擊 web01、web02 執行個體來得知。

最後待這 3 個 EC2 的資訊都註冊完畢之後，點擊「**建立紀錄 (Create record)**」的按鈕，如此一來，3 者的 A 紀錄就新增到私有 DNS 中了：

設定紀錄 資訊

您可以一次建立具有相同路由政策的多個紀錄。

要新增至 home 的 簡單路由 紀錄 資訊　　　　　　　　　　　編輯　　刪除　　定義簡易紀錄
請使用，如果您希望所有用戶端收到相同的回應。

	紀錄名稱	類型	值 / 將流量路由至	TTL (秒)
☐	bastion.home	A	10.0.1.39	300
☐	web01.home	A	10.0.74.247	300
☐	web02.home	A	10.0.89.48	300

▶ 現有紀錄

取消　　上一步　　**建立紀錄**

點擊這裡送出資料

▶ **託管區域詳細資訊**

紀錄 (5)　　託管區域標籤 (0)

紀錄 (5) 資訊　　　　　　　　　　　　　　　　　　　　　C　　刪除紀錄　　匯入區域
Automatic 模式是針對最佳篩選條件結果進行佳化的目前搜尋行為。若要變更模式，請移至設定。

Q 依屬性或值篩選記錄　　　　　　　　　　　　　　　類型 ▼　　路由政策 ▼　　別名 ▼

	紀錄名稱 ▽	類型 ▽	路由政策 ▽	微分器 ▽	值/將流量路由至
☐	home	NS	簡易	-	ns-1536.awsdns-00.co.uk. ns-0.awsdns-00.com. ns-1024.awsdns-00.org. ns-512.awsdns-00.net.
☐	home	SOA	簡易	-	ns-1536.awsdns-00.co.uk. awsdns-hostr
☐	bastion.home	A	簡易	-	10.0.15.134
☐	web01.home	A	簡易	-	10.0.65.125
☐	web02.home	A	簡易	-	10.0.83.91

▲ 3 個 EC2 的資訊已新增完成

已新增至私有 DNS
的 3 個 EC2 資訊

10.5.4 將 RDS 的資訊新增到私有 DNS

也將第 8 章的 RDS 資料庫資訊新增到私有 DNS 中吧！雖然 RDS 無法使用固定 IP 位址，但其擁有的「端點 (endpoint)」位址也可以用來註冊到私有 DNS。

查看 RDS 端點位址

首先，從 AWS 主控台畫面左上角的「**服務 (Services)**」選單中開啟 RDS 的儀表板。接著點開左側「**資料庫 (Databases)**」的畫面，並點擊第 8 章建立好的資料庫 (本例為 sample-db)。

在「**連線與安全性 (Connectivity & security)**」的頁次中，會有 1 個「**端點與連接埠 (Endpoint & port)**」的設定項目，這裡所顯示的字串即為 RDS 的端點位址：

▲ RDS 的端點 ⎯⎯ RDS 的端點位址

🌀 將 RDS 的端點位址新增至私有 DNS

接下來將此端點位址註冊至私有 DNS 中。以下 4 步均與 10.5.3 節相同：

- 從 Route 53 的儀表板中開啟「**託管區域 (Hosted zones)**」的畫面，選擇「home」網域並點擊「**檢視詳細資訊 (View details)**」的按鈕。

- 待畫面上顯示詳細資訊之後，點擊「**建立紀錄 (Create record)**」的按鈕。

- 在「**步驟 1：選擇路由政策 (Step 1: Choose routing policy)**」的畫面中，選擇「**簡單路由 (Simple routing)**」並點擊「**下一步 (Next)**」。

- 在「**步驟 2：設定紀錄 (Step 2: Configure records)**」的畫面中，點擊「**定義簡易紀錄 (Define simple record)**」的按鈕。

接下來就會出現「**定義簡易紀錄 (Define simple record)**」的設定畫面：

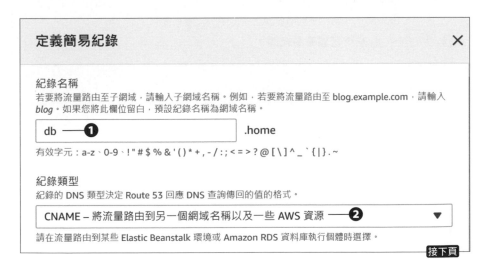

▲ 定義簡易紀錄 (db)

❶ 輸入預先決定之 RDS 名稱, 此例為 db, 如此一來內部的連線位址就會是
db.home

❷ 選擇 CNAME 這一項, 以便能夠指定端點

❸ 選擇「**IP 地址或其他值, 視紀錄類型而定 (IP address or another value,
depending on the record type)**」後, 會出現輸入 IP 位址的欄位, 請貼上
10-38 頁查到的 RDS 的端點位址

❹ 設定完畢後, 點擊**定義簡易紀錄**

★編註 ❷ 的CNAME 紀錄是一種 DNS 紀錄類型, 可將您的網域名稱對應到
另一個網域名稱 (或主機名稱), 此處大概知道是要把端點的位址與 db.home 做對
應即可, 可 google "CNAME" 了解此 DNS 相關知識。

最後, 請點擊「**建立紀錄 (Create record)**」以送出資料, 如此一來,
RDS 端點就被註冊在私有 DNS 中了:

▲ RDS 的資訊已新增完成

10.5.5 檢查私有 DNS 伺服器的運作是否正常

本節最後來檢查 web01.home、web02.home、db.home 三個私有網域能否順利解析成私有 IP, 同樣是利用 nslookup 指令來操作。不過, 由於是私有網域, 必須先連線至 VPC 才能測試, 在此先連線到堡壘伺服器上 (編註：要連線到 web01、web02 也可以, 只要是 VPC 內部的資源即可)：

首先, 使用 SSH 連線至堡壘伺服器：

執行結果

```
PS C:\Users\Tristan> ssh bastion ◄─── 這個連線方式應該很熟悉了
```

◉ 網域名稱解析 (網頁伺服器)

連線到 bastion 後, 檢查新增為 A record 的 web01.home 網域是否可以解析出內部 IP 位址：

```
[ec2-user@ip-10-0-1-169 ~]$ nslookup web01.home

Server:          10.0.0.2                  解析 web01.home
Address:         10.0.0.2#53

Non-authoritative answer:
Name:    web01.home
Address: 10.0.65.125  ←  web01.home 成功解析出 IP 位址
```

網域名稱解析 (RDS)

接著檢查新增為 CNAME record的 db.home 是否可以進行名稱解析。做法同樣是在堡壘伺服器上執行 nslookup 指令：

執行結果　網域名稱解析 (RDS)

```
[ec2-user@ip-10-0-1-169 ~]$ nslookup db.home

Server:          10.0.0.2                  解析 db.home
Address:         10.0.0.2#53

Non-authoritative answer:
db.home     canonical name = sample-db.cbud6khh8f7d.ap-northeast-1.rds.↵
amazonaws.com.
Name:    sample-db.cbud6khh8f7d.ap-northeast-1.rds.amazonaws.com
Address: 10.0.85.139            解析出 RDS 端點位址
```

在上面的執行結果中, 看到網域名稱確實可被解析, 雖然此 IP 位址有可能因為 RDS 的內部機制而改變, 但端點位址是不會變的, 因此實際使用上也不會有問題。

回頭修改 .ssh/config 檔：使用網域名稱來連線

既然現在 VPC 內部的伺服器也有網域名稱了, 那麼第 6 章 C:\Users\使用者名稱 \.ssh 路徑下的 config 檔案也改以網域名稱來設定吧！

▼ 6.3.1 節 multi-hop 連線的設定檔 (檔案存放路徑在 .ssh/config)

```
Host bastion
    Hostname bastion.flag-aws-intro-sample.com
    User ec2-user
    IdentityFile ~/.ssh/nakagaki.pem

Host web01
    Hostname web01.home    ← 修改
    User ec2-user
    IdentityFile ~/.ssh/nakagaki.pem
    ProxyCommand ssh.exe bastion -W %h:%p

Host web02
    Hostname web02.home    ← 修改
    User ec2-user
    IdentityFile ~/.ssh/nakagaki.pem
    ProxyCommand ssh.exe bastion -W %h:%p
```

　　將 config 檔案中的 web01 和 web02 的 Hostname 改為在私有 DNS 中的註冊名稱後, 如此一來不用指定 IP 位址, 也可以利用網域名稱進行內部連線了。

10.6 發行 SSL 伺服器憑證以建立安全連線

　　最後, 本節將說明如何在 AWS 上發行 SSL 伺服器憑證, 確保外部連線的安全性, 這裡會利用 AWS 的 **Certificate Manager (憑證管理員)**。我們會先建立 SSL 伺服器憑證, 接著利用所取得的憑證, 建立出負載平衡器的 HTTPS listener (接聽程式), 並確認是否能使用 HTTPS 協定在瀏覽器與伺服器之間進行通訊。

10.6.1 SSL 伺服器憑證的發行流程

首先，從 AWS 主控台畫面左上角的「**服務 (Services)**」選單中點擊「**安全性、身分與合規 (Security, Identity, & Compliance)**」→「**Certificate Manager**」，開啟 AWS Certificate Manager 的儀表板。接著點擊「**請求憑證 (Request a certificate)**」的按鈕：

▲ AWS Certificate Manager 的儀表板

🔘 請求憑證

接著選擇想要取得的 SSL 伺服器憑證類型。為了對公開在 Internet 的網域進行驗證，請選擇「**請求公有憑證 (Request a public certificate)**」，並點擊「**下一步 (Next)**」：

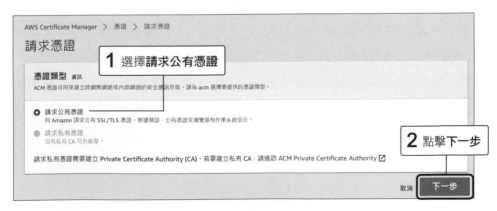

▲ 請求憑證

(⬢) Step1：網域名稱 (Domain names)

　　第 1 步需選擇欲以憑證進行驗證之網域。請注意, 這裡指的是外部使用者實際上輸入瀏覽器的網址。以本書範例而言, 先前取得的網域為 flag-aws-intro-sample.com, 而實際輸入瀏覽器的網址是負載平衡器的名稱 www.flag-aws-intro-sample.com, 因此這裡要填入的就是 www.flag-aws-intro-sample.com：

▲ 第 1 步：設定網域名稱

(⬢) Step2：選取驗證方法 (Select validation method)

　　第 2 步要指定網域的驗證方式, 也就是 AWS 用來驗證網域申請者的方式。有些大型憑證授權機構會使用紙本來驗證, 但 AWS 只提供 2 種驗證方式：「DNS 驗證 (DNS validation)」(前提是 DNS 伺服器是由申請者管理) 與「電子郵件驗證 (Email validation)」(利用電子郵件進行驗證)。

這 2 種任選一種即可, 但若 DNS 伺服器是以 Route 53 建立, 則使用「DNS 驗證」會比較簡單, 本章是以 Route 53 建立 DNS 伺服器, 因此選擇「DNS 驗證」。

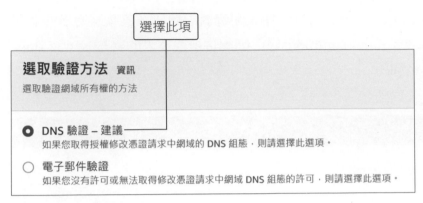

▲ 第 2 步：選擇驗證方法

🎯 Step3：標籤 (Tags)

本例不需新增任何標籤, 確認上述內容無誤後, 即可點擊「**請求 (Request)**」的按鈕：

▲ 第 3 步：標籤設定

◉ Step4：驗證 (validation)

最後，點開左側的「**列出憑證 (List certificates)**」，並點擊剛才申請的憑證 (編註：目前還在「等待驗證」的狀態)，點擊後畫面上會出現剛才所選的「DNS 驗證」的具體驗證方式。一般 DNS 伺服器必須擷取 CNAME 紀錄的資訊，並新增至 DNS 資料庫中，而以 Route 53 建立之 DNS 伺服器，則可點擊「**在 Route 53 中建立記錄 (Create records in Route 53)**」自動執行此流程：

▲ 第 4 步：驗證

此時畫面中將出現 Route 53 的設定內容。若沒有問題，則點擊「**建立記錄 (Create records)**」的按鈕：

▲ 在 Amazon Route 53 中建立 DNS 記錄

如此一來，SSL 伺服器憑證的申請就完成了，狀態欄一開始會顯示「**等待驗證 (Pending validation)**」，大約 5 到 10 分鐘後，就會變成「**已發行 (Issued)**」了：

▲ 確認 SSL 伺服器憑證的發行狀態

10.6.2　為負載平衡器新增 listener

接下來, 要利用剛發行的 SSL 伺服器憑證, 為負載平衡器新增監聽 HTTPS 的listener (接聽程式)。

首先, 從 AWS 主控台畫面左上角的「**服務 (Services)**」選單中開啟 EC2 的儀表板。接著點開「**負載平衡器 (Load Balancers)**」的畫面, 並選擇 第 7 章所建立的負載平衡器。選擇「**接聽程式 (Listeners)**」的頁次後, 點 擊「**新增接聽程式 (Add listener)**」的按鈕：

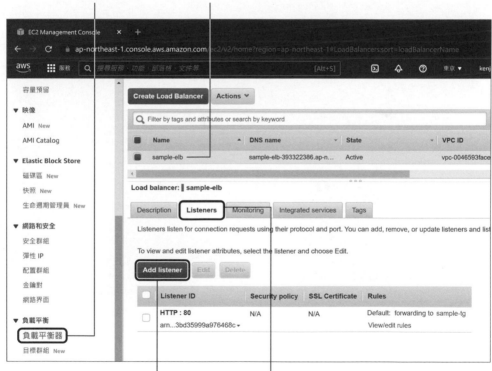

▲ 負載平衡器設定畫面上的「接聽程式」頁次

🔰 新增 listener

listener 的設定項目基本上皆與第 7 章所操作的相同。新增預設動作時，請在「**新增操作（Add action）**」的下拉式選單中選擇「**轉寄（Forward）**」：

▲ 新增接聽程式

❶ 將通訊協定與連接埠分別指定為「HTTPS」與「443」

❷ 從「**新增操作**」中選擇「**轉寄**」

❸ 並選擇第 7 章建立的目標群組 (sample-tg)

❹ 安全政策 (Security policy) 保留預設值

❺ **預設 SSL 憑證 (Default SSL certificate)** 選擇上一小節建立的 SSL 伺服器憑證

❻ 完成所有設定後, 點擊**新增 (Add)**

如此一來, listener 就新增完成了:

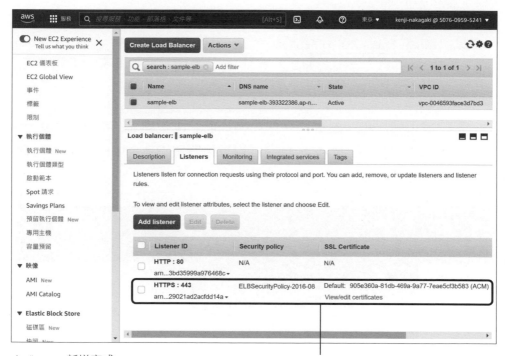

▲ listener 新增完成

新增的 listener

10.6.3 確認連線是否正常

最後來確認能否透過 HTTPS 協定來存取我們的 web01、web02 網頁伺服器。首先, 請參考 7.3 節的內容, 以 ssh web01 和 ssh web02 指令連線到網頁伺服器, 並在伺服器上備好一個 index.html, 最後以 Python 啟動 HTTP 伺服器來運作 (以上若不熟請參考 7.3 節)。

當您啟動 HTTP 伺服器後, 就可以從任何瀏覽器嘗試以安全的HTTPS 來連線看看, 現在從外部連線到負載平衡器已經不用像 7.3 節輸入難記的網域, 而是輸入 10.4.1 節所新增到公有 DNS 的網域, 以本例來說, 即為以下網址:

```
https://www.flag-aws-intro-sample.com/index.html
```

這裡請改輸入您自己申請的網域名稱

若設定正確, 則以瀏覽器存取此網址時, 便會顯示 index.html 的"hello word" 內容。由於是安全連線, 點擊瀏覽器網址列中的鎖頭圖示, 應該會看到 SSL 伺服器憑證有效運作中:

◀ SSL 伺服器憑證顯示為有效 (使用 Google Chrome)

如此一來, 網域名稱的取得、設定與連線檢查就都完成了。

第 **11** 章

建立應用程式的郵件機制 -
使用 SES 服務

Web 應用程式在網路上運作時, 會遇到許多需要寄信、收信的時機, 例如新會員註冊過程的往返確認信、網路商店的訂單確認信…等。一般來說郵件的收發都會建置專用的郵件伺服器, 想省事的則用 Google 的企業郵件方案, 然而一路下來我們都用 AWS 建置各種服務, 而 AWS 也有方便的郵件系統建置服務, 稱為 **Amazon SES (Amazon Simple Email Service)**, 一起來看看如何使用吧!

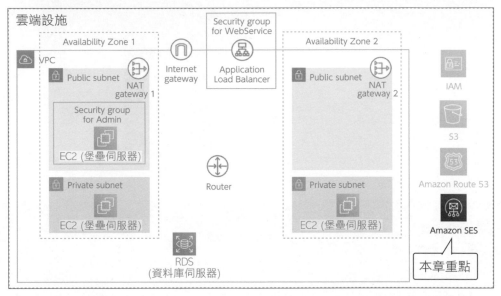

▲ 第 11 章要佈建的資源

11.1 認識 AWS 的 SES 郵件服務

Amazon SES (Amazon Simple Email Service, 亞馬遜 Email 服務) 是提供 Email 收發功能的 AWS 託管服務, 本書我們要打造的不是像 Gmail 這樣的人為收發郵件服務, 而且要讓後續第 13 章的應用程式範例具備自動收發信件的功能。

11.1.1　SES「傳送」郵件的概念

　　企業一般在規劃寄信系統時, 就像下圖左側那樣, 先建置一個郵件伺服器, 然後將大量的使用者都註冊到郵件伺服器中, 之後各使用者便可利用 SMTP 協定連到郵件伺服器來寄信。連線時, 各使用者需輸入 ID 與密碼, 寄件方的使用者帳號是什麼, Email 所顯示的寄件者就會是 "使用者帳號 @example.com"。

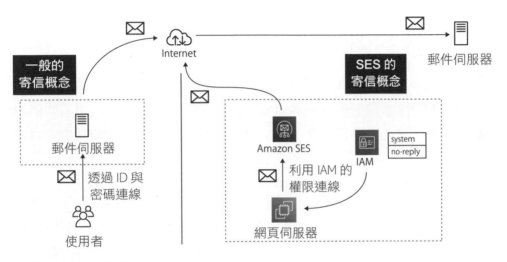

▲　傳送郵件方式的比較

　　而這裡我們是希望透過應用程式自動傳送 Email (傳送註冊確認連結、通知註冊成功…等), 規劃的方式就不太一樣, 一般來說讓程式自動寄信時, 寄件者通常會設計成 no-reply@exmaple.com 或 system@example.com等特殊帳號 (編:相信讀者平時註冊大大小小的網站經常會收到這種信, 這種就是系統自動回覆的)。在 AWS 上具體的規劃方式會以第 3 章說明的 IAM 使用者註冊這類特殊帳號, 再以該 IAM 使用者來傳送 Email。如上圖右側所示, 寄件功能就會以 Amazon SES 搭配 IAM 服務來規劃。

　　而藉由 IAM 使用者連線至 SES 時, 主要有 2 種驗證方式:

- **Amazon SES API**：透過 API 直接與 Amazon SES 互動的方法，可搭配支援目前使用之程式語言的 SDK (Software Development Kit, 軟體開發套件) 或 AWS 命令列界面 (AWS Command Line Interface, AWS CLI) 來傳送 Email。詳情可以參考 https://docs.aws.amazon.com/zh_tw/ses/latest/dg/send-email-api.html 網站，本書不會著墨這部分。

- **Amazon SES SMTP 界面**：利用與一般郵件伺服器相同的 SMTP 協定傳送 Email, 後續我們會 SMTP 的方式來建置。

11.1.2 SES「接收」郵件的概念

Amazon SES 的收信規劃方式也跟一般的郵件伺服器有很大的不同。如下圖左側所示，一般郵件伺服器會將接收到的郵件儲存在使用者的信箱 (目錄) 當中，之後使用者再以 POP3 或 IMAP4 等通訊協定來接收及查看 Email。

但 Amazon SES 並未提供 POP3 或 IMAP4 等通訊協定，而是在接收 Email 時採取各種設計好的處理「**動作**」(AWS 稱為 action)，例如存信 action、退信 action 等。各種 action 會啟動應用程式提供的專屬 API, 對系統所收到的 Email 做即時處理。

下表是幾種主要的 action：

▼ 系統接收郵件時可採取的 action

動作	說明
S3 action	將接收到的 Email 儲存於 S3 儲存貯體中
SNS action	將接收到的 Email 的訊息傳遞出去 註：SNS (Simple Notification Service) 是 AWS 的訊息傳遞系統
Lambda action	執行 Lambda 函數
退信回應 action	向寄件者回傳退信回應 (如無效的 Email)
停止 action	忽略接收到的 Email

上表中例如 SNS action 可在收到郵件時向管理員傳送 Email 或推送通知；而 Lambda action 則可呼叫出應用程式專屬的 API。

> **★ 編註** 本章稍後我們會示範上表第一個「將接收到的 Email 儲存於 S3 儲存貯體」這個 action，其餘的有興趣可以參考 https://docs.aws.amazon.com/ses/latest/dg/receiving-email-action.html 的說明。

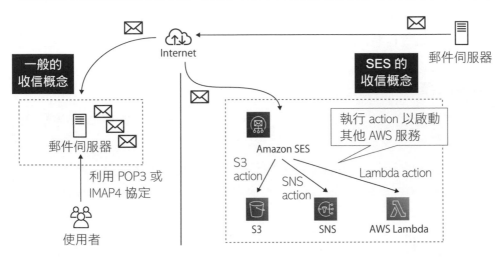

▲ 郵件接收方式的差異

 NOTE

人為處理收到的 Email

如前所述，Amazon SES 並未提供 POP3 和 IMAP4 等一般郵件伺服器用來接收郵件的通訊協定，因此系統管理員無法手動處理來自使用者的郵件，而本書我們所實作的也都是系統自動回信的功能。

作者仔細觀察它所提供的各項 action 功能之後，合理推測 AWS 應該是假設我們在使用 SES 時會搭配其他 CRM 客服系統，因此讀者爾後在職場上所建置的系統若包含「人為處理用戶傳來的詢問信」這一塊，單靠 Amazon SES 並無法滿足所需喔！評估時請將這個限制考慮在內。

11.1.3　開放 Amazon SES 服務的區域

使用 Amazon SES 之前, 必須先確認可使用此服務的區域 (編：即 AWS 右上角顯示的的區域)。本書一路下來所使用的 **ap-northeast-1 (東京)** 區域雖然自 2020 年 7 月起, 已可使用 Amazon SES, 但在本書執筆時, 只可使用當中的「寄信」功能, 若想利用 Amazon SES 規劃「收信」功能 (例：接收會員註冊的申請信件), 則必須選擇其他有開放收信服務的區域, 本書執筆時, 只有 **us-east-1 (維吉尼亞州北部)** 等區域開放收信功能, 因此 **11.2 節開始實作時, 記得要切換到 us-east-1 區域操作。**

> **★ 譯註** 目前仍只有 3 個區域有提供接收郵件功能：us-east-1、us-west-1、us-west-2, 請參考以下網頁中的「Email 接收端點」, 日後若有增加應該也會加註在此網頁中：
>
> **URL** https://docs.aws.amazon.com/zh_tw/general/latest/gr/ses.html

11.1.4　認識沙盒 (Sandbox) 機制

為了防止郵件詐騙及濫用行為, AWS 設計了稱為**沙盒 (Sandbox)** 的機制, 沙盒是一種封閉環境, 所有新建的 Amazon SES 服務預設都會被放置在沙盒當中, 此時 SES 服務會有以下限制：

● 郵件只能傳送至已驗證的 Email 地址 (驗證方式後述)。

● 郵件只能從已驗證的 Email 地址或已註冊的網域傳送出去。

● 每 24 小時最多只能傳送 200 封郵件, 且每秒最多只能傳送 1 封郵件。

若想將 SES 服務帳戶移出沙盒、解除這些限制, 則須向 AWS 官方申請, 請參考本章最後的說明。

11.2　建立郵件收發功能的前置工作

接下來, 就開始使用 Amazon SES 建立可收發 Email 的郵件伺服器功能吧!**請特別注意!為了能夠完整使用收信、發信功能, 本章將切換到 us-east-1 區域來操作 SES, 請務必記得在 AWS 網站右上角做切換, 否則後續的收信功能會無法運作。**

> **SAVING MONEY**
>
> **$　省錢大作戰!小編幫你精算 AWS 費用**
>
> 在實際開始操作前先提供本書的 SES 使用費讓您大致有個概念。建立完 SES 服務後, 本章會進行一些寄信、收信功能, 也會跟第 9 章的 S3 服務連動, 依小編觀察各月 AWS 帳單, 每月的使用費均是 0 元, 以上供您參考。

11.2.1　在 Amazon SES 中建立網域身分

首先要將前一章我們所申請好的網域 (Domain name) 與 Amazon SES 做連結, 爾後收發的信箱就會是 **xxxx@您申請的網域名稱.com**。操作上是要建立一個網域身分 (identities), 需要的設定如下:

▼ 網域身分的設定項目

項目	值	說明
網域名稱	您在第 10 章申請的網域名稱。 本書為 flag-aws-intro-sample.com	@ 後面所顯示的網域名稱

接著就利用 Amazon SES 建立及驗證網域身分吧!首先, 從 AWS 主控台畫面左上角的「服務 (Services)」選單中點擊「**商業應用程式 (Business Applications)**」→「**Amazon Simple Email Service**」, 開啟 Amazon SES 的儀表板。

接下來很重要, 我們要切換到 us-east-1 區域來操作 SES, 請務必記得切換:

從畫面右上角切換
到 us-east-1 區域

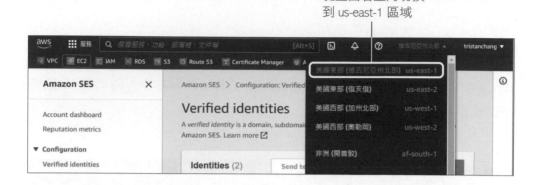

　　首先點開左側「Configuration (組態)」底下「Verified identities (已驗證身分)」的畫面, 並點擊「Create identity (建立身分)」:

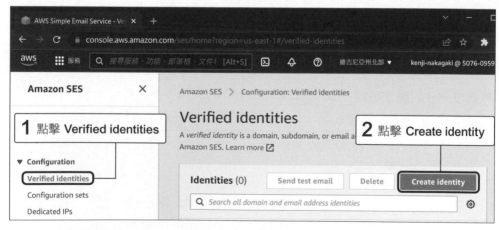

▲ 開始建立網域身分

開啟「Create identity (建立身分)」的畫面之後, 在「Identity details (身分詳細資訊)」中, 選取「Domain (網域)」選項, 並在底下「Domain (網域)」欄位中輸入欲新增的網域名稱, 以本書的範例來說, 要輸入的就是 "flag-aws-intro-sample.com" (編：請輸入您在第 10 章申請的網域名稱)：

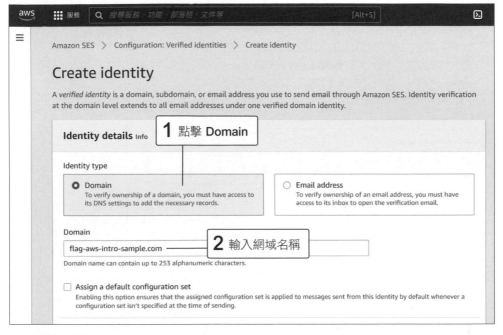

▲ 新增網域

接著往下滑, 在「Verifying your domain (驗證您的網域)」底下的「Advanced DKIM settings (進階 DKIM 設定)」中, 選擇「Easy DKIM」做為欲設定的 DKIM (DomainKeys Identified Mail, 網域金鑰識別郵件) 類型。DKIM 是利用數位簽章簽署 Email 的設定, 可保證該郵件不會遭到篡改, 且寄件者不會被冒用。此功能可以免費使用, 請在「DKIM signatures (DKIM 簽章)」欄位中勾選「Enabled (已啟用)」。

本例不需新增任何標籤, 因此完成上述設定之後, 即可點擊「Create identity (建立身分)」的按鈕：

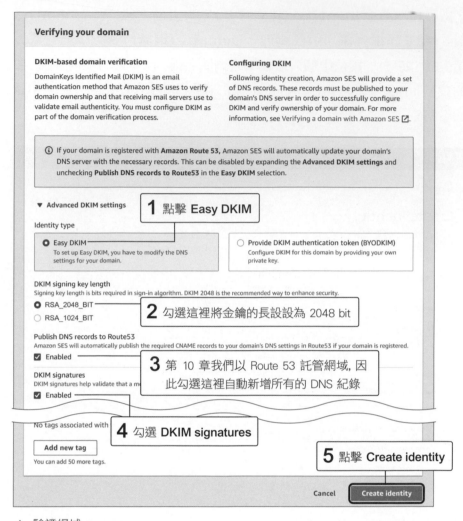

▲ 驗證網域

　　如此一來, 供 Email 使用的網域身分就新增完成了。剛新增完成時, 下圖中的 Identity status (**身分狀態**) 與 DKIM configuration (**DKIM 設定**) 都會顯示為「**等待中 (pending)**」, 只要稍等一段時間 (約 20 分鐘內), 狀態就會分別變成「已驗證 (Verified)」 與「成功 (Successful)」了：

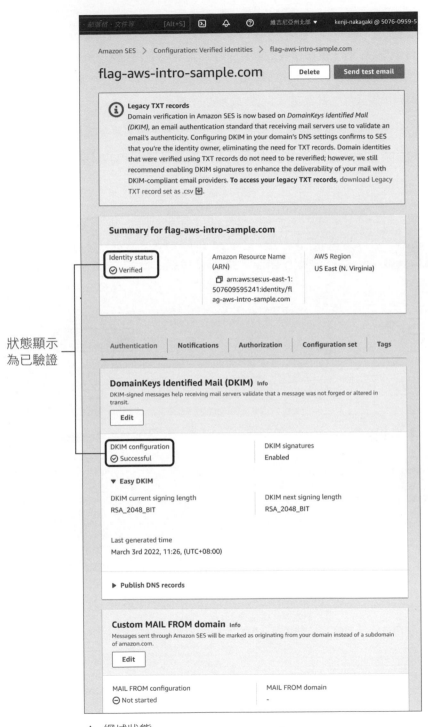

状態顯示
為已驗證

▲ 網域狀態

★ 小編補充 重要！增加 MX Record

依小編實際測試, 前一頁操作完的郵件網域功能還不完備, 少了對郵件功能來說必要的 MX record (DNS 的紀錄類型之一), 因此我們先回到上一章的 Route 53 將 MX record 建立好。**此為重要步驟, 請務必完成。**

首先, 從 AWS 主控台**服務**選單中開啟 Route 53 的儀表板。接著點開左側「**託管區域 (Hosted zones)**」的畫面, 並點擊「**建立託管區域 (Create hosted zone)**」的按鈕:

1 點擊**託管區域**

2 點擊**建立託管區域**

3 點擊「**建立紀錄 (Create record)**」的按鈕來建立 DNS record

接下頁

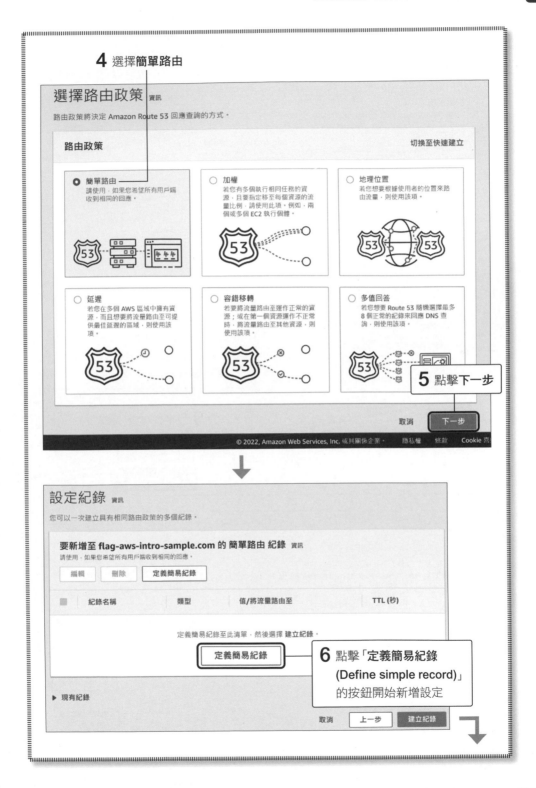

4 選擇**簡單路由**

選擇路由政策 資訊

路由政策將決定 Amazon Route 53 回應查詢的方式。

路由政策　　　　　　　　　　　　　　　　　　　　　　　　　切換至快速建立

- ⦿ **簡單路由**
  請使用，如果您希望所有用戶端收到相同的回應。

- ○ **加權**
  若您有多個執行相同任務的資源，且要指定移至每個資源的流量比例，請使用此項。例如，兩個或多個 EC2 執行個體。

- ○ **地理位置**
  若您想要根據使用者的位置來路由流量，則使用該項。

- ○ **延遲**
  若您在多個 AWS 區域中擁有資源，而且想要將流量路由至可提供最佳延遲的區域，則使用該項。

- ○ **容錯移轉**
  若要將流量路由至運作正常的資源；或在第一個資源運作不正常時，將流量路由至其他資源，則使用該項。

- ○ **多值回答**
  若您想要 Route 53 隨機選擇最多 8 個正常的紀錄來回應 DNS 查詢，則使用該項。

5 點擊**下一步**

取消　　**下一步**

© 2022, Amazon Web Services, Inc. 或其關係企業。　　　陳私權　　條款　　Cookie 喜

設定紀錄 資訊

您可以一次建立具有相同路由政策的多個紀錄。

要新增至 **flag-aws-intro-sample.com** 的 簡單路由 紀錄 資訊

請使用，如果您希望所有用戶端收到相同的回應。

| 編輯 | 刪除 | 定義簡易紀錄 |

▢	紀錄名稱	類型	值/將流量路由至	TTL (秒)

定義簡易紀錄至此清單，然後選擇 建立紀錄。

定義簡易紀錄

6 點擊「**定義簡易紀錄 (Define simple record)**」的按鈕開始新增設定

▶ 現有紀錄

取消　　上一步　　建立紀錄

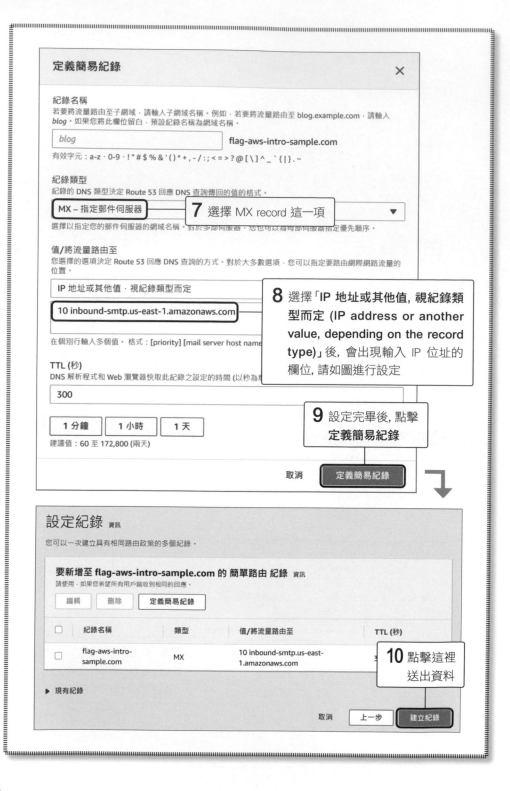

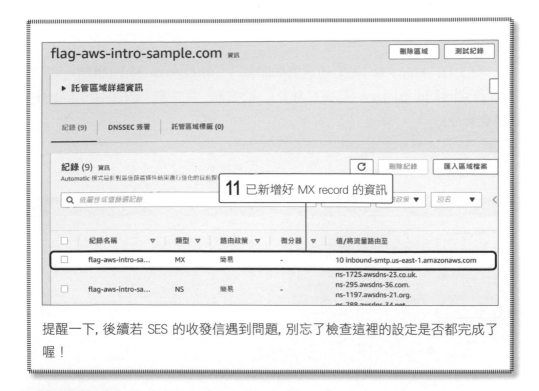

提醒一下，後續若 SES 的收發信遇到問題，別忘了檢查這裡的設定是否都完成了喔！

11.2.2　建立 Amazon SES 驗證通過的 Email 地址

如 11.1.4 節所述，預設情況下 Amazon SES 是位於沙盒 (Sandbox) 限制環境內，從 SES 只能寄信到通過驗證的 Email 地址，接下來就來介紹建立的步驟。

★ 小編補充

照理來說，企業所建立的網頁應用程式，應該是要開放所有人申請，不會受限某某 Email 才能申請，若系統有此沙盒限制，當申請者收不到系統自動寄發的 Email 會無法通過驗證，這就不對了。所以實務上應用程式運作時，應該是要解除 SES 的沙盒限制。

不過本書考量到解除沙盒限制得通過 AWS 的人為審核 (不一定成功)，因此會讓 SES 留在沙盒中，也因為這樣，這裡就得了解如何建立可以從 SES 端收到信的 Email 地址，後續我們才能測試 SES 的寄信功能。

🔵 建立步驟

首先從 Amazon SES 的儀表板開啟「Configuration (組態)」底下「Verified identities (已驗證身分)」的畫面，並點擊「Create identity (建立身分)」：

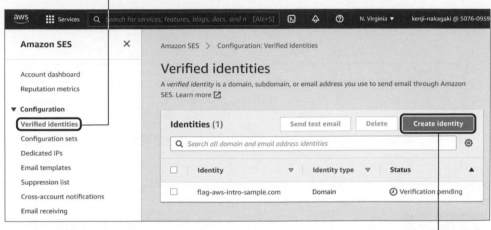

▲ 建立通過驗證 Email 地址

2 點擊 Create identity

接著在「Identity details (身分詳細資訊)」中，選取「Email address」，並在底下欄位中輸入欲使用的 Email 地址，本例不需新增任何標籤，因此上述設定完成之後，即可點擊「Create identity (建立身分)」繼續：

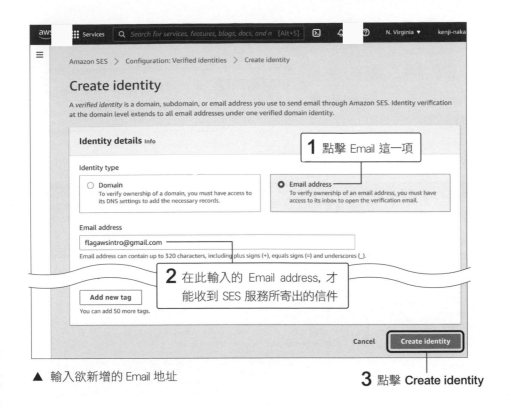

▲ 輸入欲新增的 Email 地址

之後大約 5 分鐘之內, 就會收到驗證用的 Email, 請去剛才建立身分的那個 Email 信箱收信。找到該郵件後, 請依其中說明點擊 URL 即可:

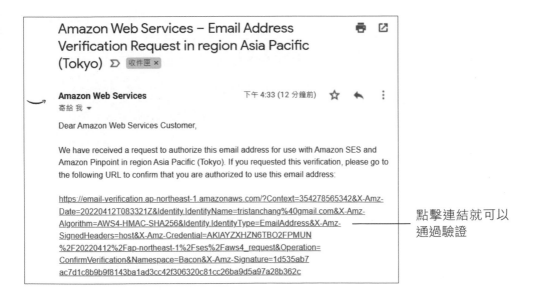

NOTE

若未收到驗證信，可點擊身分詳細資訊頁面頂端的「**Resend (重新傳送)**」按鈕：

★ 編註 由於內容皆為英文，可能會被誤判為垃圾郵件，請仔細確認。

點擊這裡可以重新寄發驗證信

▲ 重新傳送驗證信

如此一來，Email 地址的就驗證完成了：

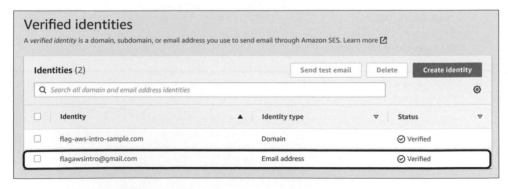

▲ 已驗證的電子信箱地址

從 SES 主控台傳送測試信

Amazon SES 的主控台提供了簡單的寄信測試功能, 我們就實際傳送 1 封測試信, 看看剛才建立的 Email 是否確實通過驗證, 可以收到從 SES 寄出的信件。

請選擇剛才建立的網域, 並點擊「Send test email (傳送測試 Email)」的按鈕:

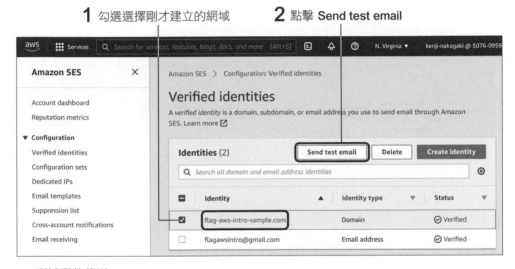

▲ 測試郵件傳送

接著會出現傳送測試 Email 的畫面, 請依下表填入必要的資訊:

▼ 測試郵件寄送功能

欄位	設定值	說明
Email Format (Email 格式)	Formatted (格式化)	一般選擇此項即可
From-address	no-reply	指定收件者會看到的寄件信箱, 此例為 no-reply@您的網域名稱.com
Scenario	Custom	選擇此項來自訂收件信箱　　接下頁

欄位	設定值	說明
Custom recipient	11.2.2 節驗證好的 Email 身分	指定收件者的郵件地址 由於 Amazon SES 目前位於沙盒內, **這裡只能指定 11.2.2 節驗證過的 Email 地址**, 其餘的在 SES 送出信件時就會出現錯誤訊
Subject	測試	Email 的主旨
Body	這是一封測試郵件	Email 的內文

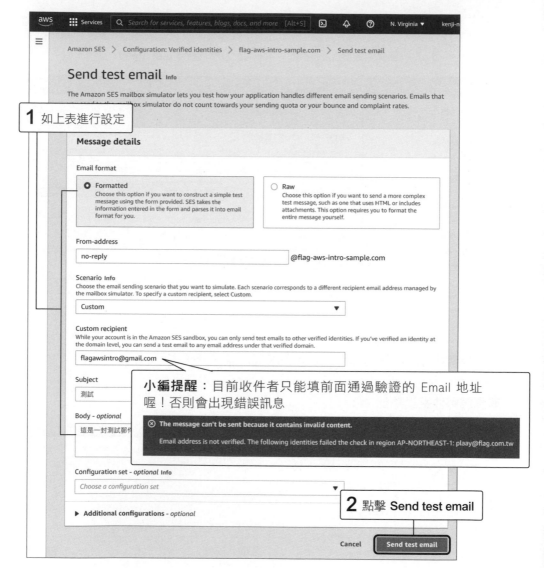

▲ 測試信的設定頁面

完成後, 您可以到該信箱檢查看看是否確實收到信了:

成功收到！代表此 Email 驗證通過

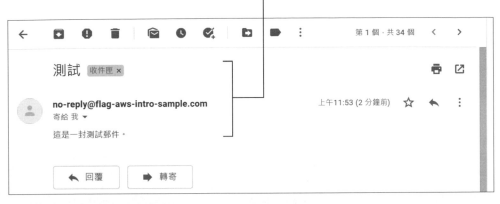

▲ 驗證過的 Email 收到測試信

11.3 從應用程式寄信的做法：使用 SMTP 協定

剛剛只是從 SES 主控台做個簡單的寄信測試, 實際上若要讓應用程式能夠傳送信件給用戶, 勢必得撰寫程式才能做到。本節會簡單示範一段能夠從 SES 服務寄出信件的小程式。

11.1.1 節提到, Amazon SES 針對在應用程式中想要對外傳送 Email, 提供了 2 種做法：**Amazon SES API** 與 **Amazon SES SMTP 界面**。本書選用 Amazon SES SMTP 界面的方式, 因為它跟一般郵件伺服器的做法類似, 會比較容易上手。

如 11.1.1 節的「寄信」概念圖所示, SES 服務來規劃應用程式的寄信功能時, 會搭配 IAM 服務來處理。做法上我們會先建一個 SMTP 憑證, 再建立一個可使用該憑證的 IAM 使用者, 此使用者可透過 ID、密碼來使用 SMTP 的寄件功能, 應用程式中只要將連線到 SMTP 的資訊寫好就可以寄信出去了。

11.3.1 建立可使用 SMTP 協定的 IAM 使用者

　　首先我們先在 SES 內將需要的 SMTP 憑證準備好。請從 Amazon SES 的儀表板中點開「**Account dashboard (帳戶儀表板)**」的畫面之後，繼續往下可以看到「**Simple Mail Transfer Protocol (SMTP) settings (SMTP設定)**」的部分。請點擊底下「**Create SMTP Credentials (建立 SMTP 憑證)**」的按鈕：

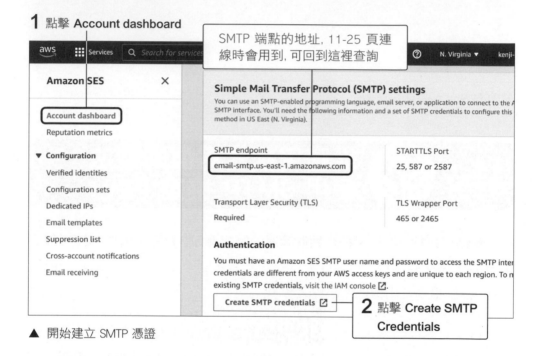

▲ 開始建立 SMTP 憑證

　　接著，在畫面中建立一個 IAM 使用者來使用 SMTP 憑證。IAM 使用者名稱建議取個容易讓人了解該郵件是由應用程式自動傳送的寄件者名稱。本例使用「no-reply」，輸入完成後，點擊「**Create (建立)**」的按鈕。

> 此處輸入的名稱與 Email 寄件者的顯示名稱其實並無直接關係，但為了方便後續應用程式維護人員辨識用途，建議還是取個意思接近的名稱。

1 輸入 IAM 使用者名稱

▲ 為 SMTP 憑證建立 IAM 使用者

2 點擊**建立**

　　如此一來,取得 SMTP 憑證用的 IAM 使用者就建立完成了。在下圖中點擊「**下載登入資料 (Download Credentials)**」的按鈕,下載 credential. csv 憑證檔,裡頭會記錄 SMTP 協定需要的帳號、密碼。

　　請注意,若在點擊此按鈕之前便將畫面關閉,就再也無法取得憑證所需的 ID 及密碼等資訊了 (編註:必須重新建一次):

▲ 下載憑證　　　　下載完成

務必點擊這裡下載 SMTP 的登入 ID 及密碼

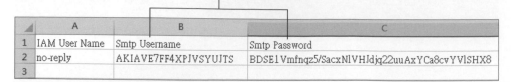

下載到的 credential.csv 憑證檔, 內容是使用 SMTP 協定的登入 ID 和密碼

	A	B	C
1	IAM User Name	Smtp Username	Smtp Password
2	no-reply	AKIAVE7FF4XPJVSYUJTS	BDSE1Vmfnqz5/SacxNlVHJdjq22uuAxYCa8cvYVlSHX8
3			

最後, 利用 IAM 的儀表板檢查 IAM 使用者是否已確實建立完成。從 AWS 主控台畫面左上角的「**服務 (Services)**」選單中開啟 IAM 的儀表板, 並點開左側「**使用者 (Users)**」即可檢視:

▲ 檢查 IAM 使用者是否已建立完成

2 剛才建好的新 IAM 使用者

11.3.2 利用小程式測試 SMTP 寄信功能是否正常

為了測試 SMTP 憑證能否正常使用, 作者用 Python 語言編寫了一段可以測試寄信功能的小程式, 即本書下載範例檔的 \Ch11\sendmailtest.py, 這段程式不是這裡的重點, 我們只是用來確認 SMTP 憑證能否運作:

　　為了執行這段 Python 程式, 我們選用了 Google Colaboratory (簡稱 Colab) 這個免安裝、可直接執行 Python 程式的雲端環境, 只要用瀏覽器就可以操作。

　　測試步驟如下:

(◉) 將 sendmailtest.py 範例程式中的 ***** 部分替換成您自己的內容

▼ 透過 SMTP 傳送 Email 的 Python 程式 (ch11/sendmailtest.py)

```
# -*- coding: utf-8 -*-
import smtplib
from email.mime.text import MIMEText
from email.header import Header
from email import charset

# 各項資訊
account = '*****'
password = '*****'
server = '*****'
from_addr = 'no-reply@*****'
to_addr = '*****@*****'
```

變數	值
account	Smtp Username (請到之前下載的 credential.csv 憑證檔內查詢)
password	Smtp Username (請到之前下載的 credential.csv 憑證檔內查詢)
server	SMTP 伺服器名稱 (輸入 11-22 頁圖中的 SMTP 端點位址) 本書為: email-smtp.us-east-1.amazonaws.com
from_addr	寄件者的 Email 地址, 即 'no-reply@您的網域名稱.com'
to_addr	收件者的 Email 地址, 目前收件者只能填 11-17 頁通過 SES 驗證的 Email 地址喔! 否則信無法寄出

```
# 連線至 SMTP 伺服器
con = smtplib.SMTP_SSL (server, 465)
con.login (account, password)
```

雖然 SMTP 通常會使用 port 25, 但因為 EC2 的 25 連接埠被預設為封鎖, 因此改為使用 port 465

接下頁

```
# 編寫欲傳送之郵件
cset = 'utf-8'
message = MIMEText (u'SMTP 測試信', 'plain', cset)
message['Subject']=Header (u'這是一封透過 SMTP 傳送 Email 的測試信！', cset)
message['From']=from_addr
message['To']=to_addr

# 傳送 Email
con.sendmail (from_addr, [to_addr], message.as_string () )

# 切斷與 SMTP 伺服器的連線
con.close ()
```

測試信的內容 ────

🔷 執行 sendmailtest.py 程式

接著只要執行此程式，便可透過 SMTP 傳送出 Email。為了快速執行測試，我們選用了 Google Colaboratory (簡稱 Colab) 這個免安裝、可直接執行 Python 程式的雲端環境，只要用瀏覽器就可以操作。

請利用搜尋引擎搜尋「Google Colab」或直接輸入 https://colab.research.google.com/notebooks/intro.ipynb 進入官方網站：

1 點選**檔案**選單內的**新增筆記本**

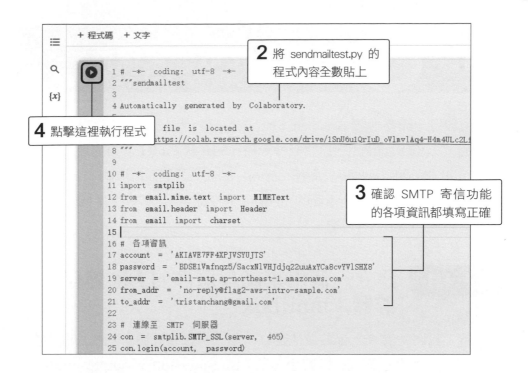

2 將 sendmailtest.py 的程式內容全數貼上

4 點擊這裡執行程式

3 確認 SMTP 寄信功能的各項資訊都填寫正確

```
1 # -*- coding: utf-8 -*-
2 """sendmailtest
3
4 Automatically generated by Colaboratory.
5
     file is located at
   https://colab.research.google.com/drive/1SnU6u1QrIuD_oVlmvlAq4-H4m4ULc2L
8 """
9
10 # -*- coding: utf-8 -*-
11 import smtplib
12 from email.mime.text import MIMEText
13 from email.header import Header
14 from email import charset
15 |
16 # 各項資訊
17 account = 'AKIAVE7FF4XPJVSYUJTS'
18 password = 'BDSE1Vmfnqz5/SacxNlVHJdjq22uuAxYCa8cvYVlSHX8'
19 server = 'email-smtp.ap-northeast-1.amazonaws.com'
20 from_addr = 'no-reply@flag2-aws-intro-sample.com'
21 to_addr = 'tristanchang@gmail.com'
22
23 # 連線至 SMTP 伺服器
24 con = smtplib.SMTP_SSL(server, 465)
25 con.login(account, password)
```

執行後若 Colab 的程式底下沒有出現錯誤訊息, 此時通過 SES 驗證的那個 Email 應該就會收到測試信了:

5 成功收到測試信, 表示程式當中的 SMTP 功能運作正常

這是一封透過 SMTP 傳送電子郵件的測試信！　收件匣 ×

no-reply@flag-aws-intro-sample.com　　　　　上午11:55 (0 分鐘前)
寄給 我 ▾

文A 英文 ▾ 　〉　中文 (繁體) ▾ 　翻譯郵件　　　關閉下列語言的翻譯功能：英文 ×

SMTP 測試信

回覆　　　轉寄

◆ 編註 若執行失敗 (出現錯誤訊息或沒有收到信), 多半是 sendmailtest.py 程式內的相關資訊填寫有誤, 請回頭檢查前面的操作是否都正確。後續第 13 章我們所要部署的網頁應用程式就會使用類似這樣的 SMTP 寄信程式碼。

11.4 從 SES 接收外來信件

最後這一節要測試 Amazon SES 的收信功能, 之後就可以依這一節所學到的, 以 SES 建構出可以收取外來信件的系統。11.1.2 節提過, SES 收到 Email 時, 可以即時執行各種 action, 因此我們要設計收到 Email 時要做什麼 action, 本小節所示範的 action 是將寄到 SES 郵件系統的 Email 儲存在專屬的 S3 儲存貯體。

11.4.1 建立一個用來儲存信件的 S3 儲存貯體：mailbox

首先我們先依 9.2 節的做法建立一個 S3 儲存貯體 (不熟悉的話請參考該節), 本書將這個儲存貯體命名為 "flag-aws-intro-sample-mailbox" (編：您必須取別的名稱, 因為儲存貯體的名稱不可重複)：

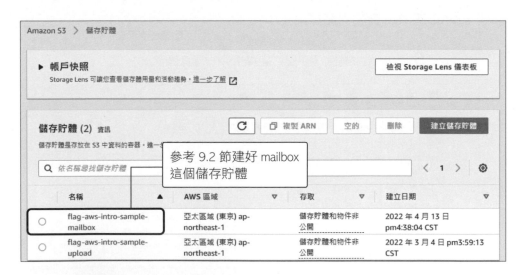

11.4.2 賦予 SES 將信件存入 S3 儲存貯體的權限

接著我們要賦予 SES 將信件存入 mailbox 儲存貯體的權限：

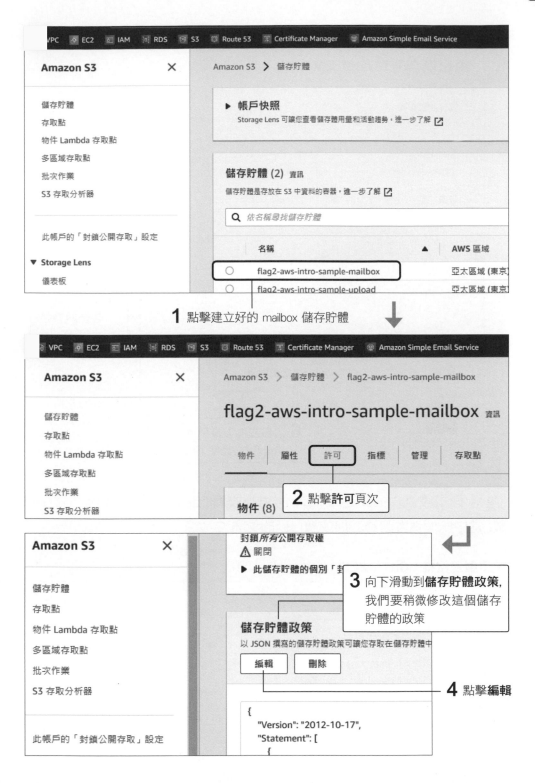

1 點擊建立好的 mailbox 儲存貯體

2 點擊**許可**頁次

3 向下滑動到**儲存貯體政策**,
我們要稍微修改這個儲存
貯體的政策

4 點擊**編輯**

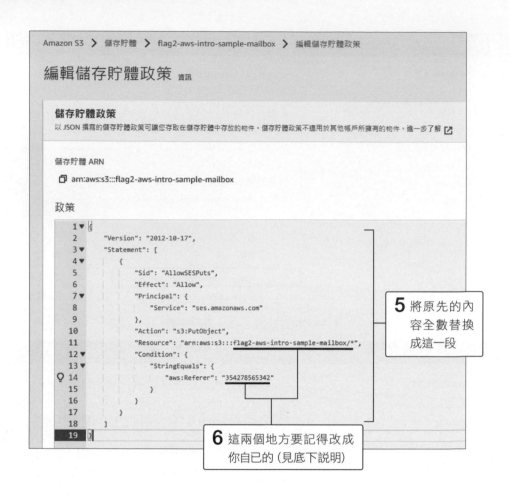

上面這段程式主要是讓 SES 可以將收到的信件存入 mailbox 儲存貯體, 當中兩個地方請務必換成您自己的資訊:

▼ 下載範例檔:Ch11/ SES_to_S3_policy.txt

```
{
    "Version": "2012-10-17",
    "Statement": [
        {
            "Sid": "AllowSESPuts",
            "Effect": "Allow",
            "Principal": {
                "Service": "ses.amazonaws.com"
            },
```

接下頁

```
        "Action": "s3:PutObject",
        "Resource": "arn:aws:s3:::flag2-aws-intro-sample-mailbox/*",
        "Condition": {
            "StringEquals": {
                "aws:Referer": "354278565342"
            }
        }
    }
  ]
}
```

這裡請換成您
的 S3 儲存貯體
名稱 (11-28 頁)

這裡請換成您的 AWS 使用者 ID
(可在畫面右上角查到)

🔔　⑦　全球 ▼

帳戶 ID: 3542-7856-5342 🗐

★ 小編補充

針對如何授予 SES 寫入 S3 儲存貯體的權限, AWS 提供了以下文件:

▼ 授予 Amazon SES 寫入 S3 儲存貯體的許可

URL https://docs.aws.amazon.com/zh_tw/ses/latest/dg/receiving-email-
permissions.html#receiving-email-permissions-s3

要說明的是, 我們在 SES_to_S3_policy.txt 所使用的政策跟上述網址所介紹的有
點不一樣 (較為簡化), 經小編實際測試是可以正常運作的。

11.4.3　建立可接收外來郵件的郵件規則

　　快完成了!最後我們透過 Amazon SES 儀表板建立可接收外來郵
件的郵件規則 (rule) 即可。本例規則的內容就是:我們會建一個名為
inquiry@您的網域名稱.com 的 Email 地址, 用來接收外來信件, 此信箱
收到信之後, 會隨即執行 action, 將信件儲存到 mailbox 儲存貯體當中。

首先，從 SES 的儀表板開啟「Configuration (組態)」底下「Email Receiving (接收 Email)」的畫面，並在「Receipt rule sets (接收規則集)」的頁次中，點擊「Create rule set (建立規則集)」：

📝 **NOTE**

若沒看到「Email Receiving」選項，如11.1.3 節所説，應該是您目前是處於未開放 Amazon SES 接收 Email 的 region 區域，請檢查目前所在區域是否可以使用 Amazon SES。這裡我們是切換到 us-east-1 區域來操作。

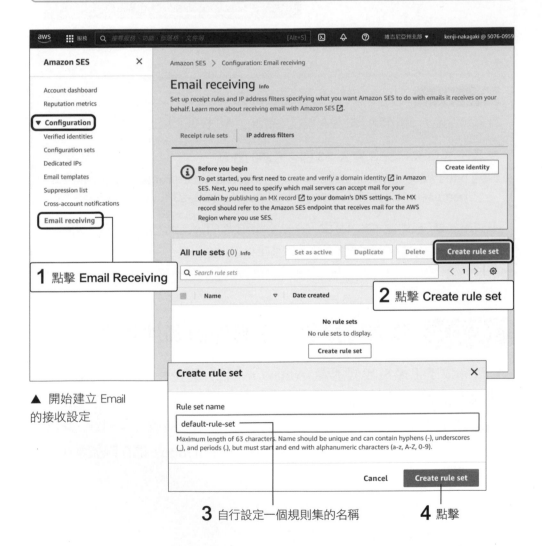

▲ 開始建立 Email 的接收設定

Email receiving Info

Set up receipt rules and IP address filters specifying what you want Amazon SES to do with emails it receives on your behalf. Learn more about receiving email with Amazon SES ☑.

Receipt rule sets　　IP address filters

Active rule set Info		Set as inactive	View active rule set

Rule set name　　　　　　　　　　　　　Date created
-　　　　　　　　　　　　　　　　　　　-

All rule sets (1) Info	Set as active	Duplicate	Delete	Create rule set

🔍 Search rule sets　　　　　　　　　　　　　　　　　　　< 1 >　⚙

☐	Name ▽	Date created ▲	Status ▽
☐	default-rule-set	April 14th 2022, 17:35, (UTC+08:00)	Inactive

5 點擊剛才建立好的規則集

接下來的設定，分為 4 個步驟。

◉ 1. 定義規則設定

第 1 步是定義規則設定。請點擊「Create rule」，接著在「Rule name（規則名稱）」輸入規則名稱 "sample-rule-inquiry"，其餘設定均保留預設值即可。輸入完畢之後，點擊「Next」：

Amazon SES ＞ Configuration: Email receiving ＞ default-rule-set

default-rule-set Info

	Set as active	Duplicate	Delete

Rule set details

Status　　　　　　　　　　　　　　　Date created
⊖ Inactive　　　　　　　　　　　　　April 14th 2022, 17:35, (UTC+08:00)

All receipt rules (1) Info	Duplicate	Edit	Delete	Create rule

🔍 Search receipt rules　　　　　　　　　　　　　　　　< 1 >　⚙

1 點擊 Create rule

▲ 定義規則設定

◉ 2. 設定接收郵件的 Email 地址

第 2 步要指定一個收信的 Email地址, 本例為 inquiry@您的網域名稱.com。請點擊「Add new recipient condition (新增收件人條件)」按鈕, 並在「Recipient condition」欄位中輸入「inquiry@您的網域名稱」, 設定好後點擊「Next」:

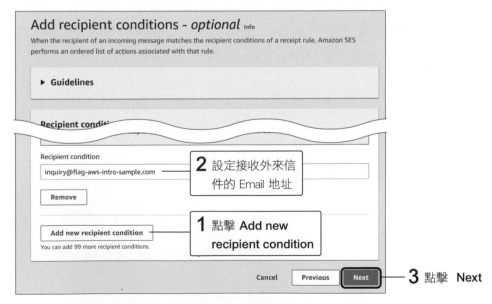

▲ 設定要接收外來信件的 Email 地址

⬢ 3. 設定收到郵件時的 action

第 3 步則是設定收到信件後的 action 處理方式。點擊「Add new action (新增 action)」，並從下拉式選單中選擇「Deliver to Amazon S3 bucket (傳送至 S3 儲存貯體)」。

在「S3 bucket (S3 儲存貯體)」中指定這小節建立好的 mailbox S3 儲存貯體 (本例為 flag-aws-intro-sample-mailbox)，其他保留預設值後，點擊「Next」：

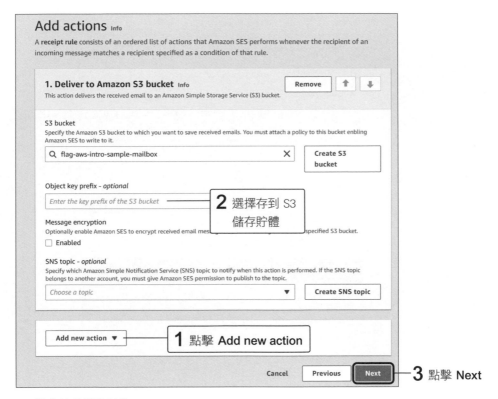

▲ 設定接收郵件時的 action

⬢ 4. 確認規則內容

最後確認前面的資訊，沒問題的話就可以點擊「Create rule (建立規則)」的按鈕：

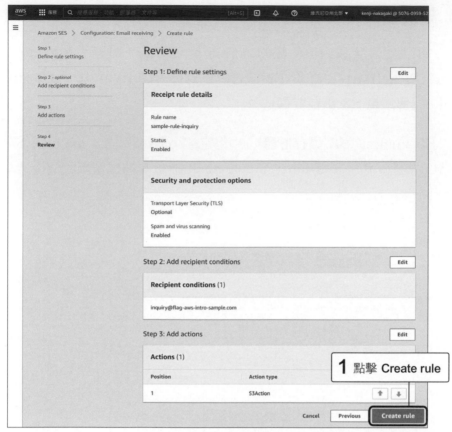

▲ 檢查設定內容

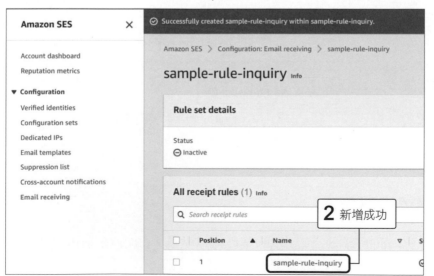

最後, 別忘了要啟動建好的規則集喔 (編：預設是不啟動, 此步驟別漏了)！

1 點擊這裡切換到規則集的畫面　**2** 點擊 Set as active

3 點擊 Set as active

4 規則集已啟用

◆ 編註 這裡 AWS 的操作稍微有點繁複, 但其實就是先建規則集 (Rule Set), 在裡頭再建一個規則 (Rule)。提醒一下, 千萬別忘了要記得啟用規則集, 否則收信功能可是不會運作喔！

11.4.4 實際測試收信功能

經過重重的操作，我們已經完成讓 SES 能夠收信、並轉存到 mailbox 儲存貯體的準備了。接下來，可以利用您手邊有的任何 Email，寄信到傳送 Email 到本小節設定的收件地址 "inquiry@您的網域名稱.com" 看看，傳送過來的 Email 將會被儲存於 S3 儲存貯體當中：

編註 讀者可能會好奇, 將信件存到 S3 之後呢?如同之前提到的, Amazon SES 並未提供 POP3 和 IMAP4 等一般郵件伺服器用來接收郵件的通訊協定, 若還想打造「人為處理用戶詢問信」的服務系統, 作者在這裡實作的應該都只是「起步」而已, 後面應該還要撰寫其他程式來「取用」S3 當中的這些郵件物件, 沒關係慢慢來, 先利用本章對 SES 的運作先有點概念就好!

NOTE

日後您若需要, 可以將 Amazon SES 移出沙盒, 如此便可解除 11.1.4 節提到的諸多限制。

提醒讀者, 這不是本書一定要操作做的步驟, 此外, 將 Amazon SES 移出沙盒也必須經過 AWS 的審核才行, 詳細資訊可以參考以下的 AWS 文件, 本書不會實際操作這部分:

▼ 移出 Amazon SES 沙盒

URL https://docs.aws.amazon.com/zh_tw/ses/latest/dg/request-production-access.html

● **步驟提示:**

首先, 從 Amazon SES 的儀表板開啟「**Account dashboard (帳戶儀表板)**」的畫面, 並點擊頂端警告方塊中的「**Request production access (請求生產存取權)**」按鈕:

接下頁

1 點擊 Account dashboard　　　　　**2** 點擊 Request production access

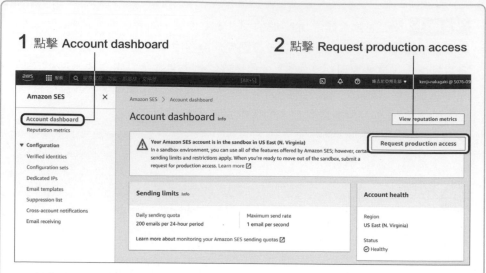

▲ 解除沙盒的限制

接著, 輸入要提交給 AWS 審核的資訊:

欄位	說明
Mail type (郵件類型)	郵件用途。選擇是行銷 (Marketing) 為主還是交易 (Transactional) 為主
Website URL (網站 URL)	使用此郵件伺服器的網站 URL
Use case description	說明計劃要如何使用此郵件伺服器
Additional contacts (其他聯絡地址)	希望 AWS 透過哪個 Email 與您聯絡
Preferred contact language (偏好的聯絡語言)	選擇希望與 AWS 窗口針對此要求溝通的語言。目前僅能選擇日文或英文

輸入完畢後, 點擊「**Submit request (提交要求)**」的按鈕:

接下頁

Account dashboard ＞ Request production access

Request production access Info

To help us evaluate your request for production access, fill out the following form outlining how you plan to use Amazon SES to send email once your account has moved out of the sandbox.

Request details

Mail type Info
Choose the option that best represents the types of messages you plan on sending. A marketing email promotes your products and services, while a transactional email is an immediate, trigger-based communication.

○ **Marketing**　　　　　　　　　○ Transactional

Website URL
Provide the URL for your website to help us better understand the kind of content you plan on sending.

https://www.example.com

Use case description Info
Explain how you plan to use Amazon SES to send email.

Enter a description

Maximum 5000 characters (5000 remaining).

Additional contacts - *optional*
Specify up to 4 additional email addresses to include in communications from Amazon SES about your request.

contact1@example.com, contact2@example.com

Preferred contact language
Choose whether you want to receive communications about your request in English or in Japanese.

English　▼

1 填寫各種資訊

Acknowledgement

☐ I agree to the AWS Service Terms ⤢ and Acceptable Use Policy (AUP) ⤢
By checking the box, you agree to only send email to individuals who've explicitly requested it and confirm that you have a process in place for handling bounce and complaint notifications.

Cancel　　**Submit request**

▲ 解除限制所需的各項資訊

2 點擊 Submit request

之後靜待 AWS 的回覆即可, 若通過, 會將 Amazon SES 已被移出沙盒的通知傳送至 AWS 帳戶的 Email 地址。

 MEMO

第 **12** 章

建立快取伺服器 -
使用 ElastiCache 服務

想要提高 Web 應用程式的運作效率, 有個常見的做法是建置「快取 (Cache)」機制, AWS 也有針對快取提供託管服務, 稱為 Amazon ElastiCache, 本章就來看如何使用吧!

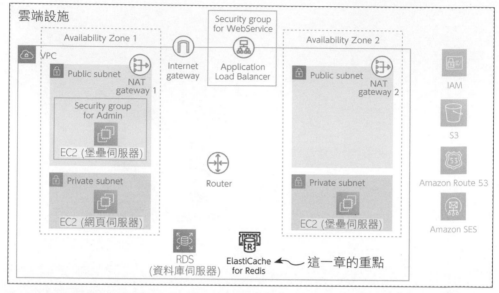

▲ 第 12 章要佈建的資源

12.1　認識快取機制

12.1.1　快取的機制

快取 (Cache) 是把需耗時處理的資料儲存起來, 下次要執行相同處理時, 就可以快速傳回結果, 像是經由複雜的 SQL 指令搜尋資料庫, 或是透過應用程式所架接的 API 功能進行查詢處理等, 都可以利用快取機制加快處理速度。

下圖為快取機制大致的運作方式：

第 1 次處理

第 1 次處理

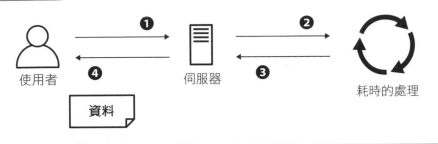

第 2 次之後的處理

▲ 快取的機制

　　假設上圖 ❶ 代表伺服器接收到使用者的 request, 由於是第 1 次處理, 伺服器可能需要花時間處理 ❷, 處理完畢後 ❸, 伺服器會將取得的資料儲存為快取資料 ❹, 並將資料傳回給使用者。

第 2 次之後的處理

　　當往後伺服器接收到相同的 request 時 ❺, 由於伺服器已經有快取資料了, 因此不需再花時間處理, 直接將資料傳回給使用者 ❻。

🏵 快取機制的注意事項

快取機制看起來很棒, 但有 2 點必須注意。

1. 耗時處理傳回的資料 , 可能與快取內的資料有異

假設我們在「查詢當下天氣資訊」的服務導入快取機制, 處理完之後資料會被存為 cache, 但天氣資訊有可能每 1 小時就會更新 1 次, 而快取資料並不會隨之更新 (快取中仍儲存著過時的資料):

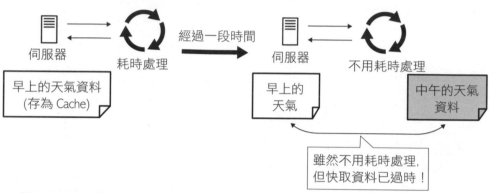

▲ 快取資料會有過時的問題

為了解決上述問題, 快取資料通常會被設定一個有效期限。假設有效期限是 1 個小時, 則 1 小時過後, 即使快取內仍有資料, 我們也不會使用, 而是會去取得新的資料:

> 資料
>
> 有效期限:1 小時

2. 伺服器必須有足夠空間儲存快取資料

當儲存過多的快取資料, 會增加伺服器的負擔, 甚至有可能反過來拖累處理速度:

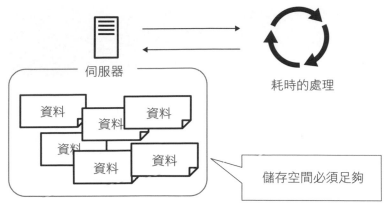

▲ 快取資料需要足夠的儲存空間

12.1.2　認識 Redis 與 Memcached

想要在企業應用程式中建置快取機制, 常見的有以下 2 種:

● Redis (REmote DIctionary Server, 遠端字典伺服器)。

● Memcached (MEMory CACHE Daemon)。

兩者都被廣泛使用, 性能都不錯, 因此選擇時通常不是考慮性能, 而是確認能否支援目前建立應用程式所使用的程式語言或軟體框架, 本書在考慮到第 13 章範例應用程式所使用的 Ruby on Rails 軟體框架之後, 選擇的是 Redis。

AWS 文件中有兩者的比較, 有需要可以參考:

▼ Redis 與 Memcached 的比較

URL https://aws.amazon.com/tw/elasticache/redis-vs-memcached/

URL https://docs.aws.amazon.com/zh_tw/AmazonElastiCache/
latest/red-ug/SelectEngine.html

12.2　認識 AWS 的 ElastiCache 快取服務

前一節提到的 Redis 和 Memcached 都是以軟體的形式提供, 因此可以安裝在 EC2 建立的 Linux 伺服器上, 當成伺服器來運作。不過自建伺服器稍嫌繁複, 為此 AWS 提供了一種與 Redis/Memcached 相容的託管服務, 名為 **Amazon ElastiCache (亞馬遜彈性快取)**。ElastiCache 提供了一個導入 Redis 或 Memcached 的環境, AWS 使用者只需選擇想用的快取引擎 (Redis 或 Memcached), 即可輕鬆建構出快取伺服器。

12.2.1　ElastiCache 的分層架構

ElastiCache 提供的是一種鍵值對 (key-value pair) 機制, 基本上就是根據 key 值來傳回對應的快取資料 (value), 其內部架構能夠依照需處理的資料量與類型來調整, 以提升性能表現:

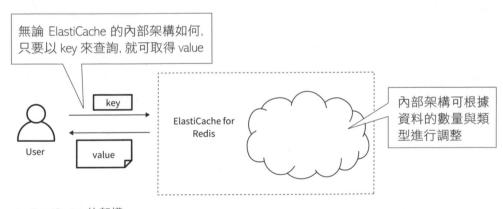

▲ ElastiCache 的架構

架構如何調整呢?這裡要先認識 ElastiCache 的分層元素, 主要是由下表 3 種元素構成, 我們帶您認識一下, 待會對各種設定名稱才不會太陌生:

▼ ElastiCache 的分層架構 (由小到大)

元素	說明
節點 (node)	儲存資料的最小單位。
碎片 (shard)	由多個節點組成的節點群組。通常會有 1 個主節點 (primary node) 和多個複本節點 (replica node)。 ★編註 shard 是多個節點組成, 稱節點群組似乎比較好懂, 不過 AWS 是用碎片這個名稱。
叢集 (cluster)	由數個碎片所組成的碎片群組。

以下分別來介紹這些元素。

節點 (node)

節點 (node) 是 ElastiCache 的最小單位, 提供了實際上儲存快取資料的空間。各節點可以分別設定快取引擎 (Redis / Memcached)、規格以及容量等。

碎片 (shard)

碎片 (shard) 是由多個節點所組成, 其中包含 1 個**主節點**與多個**複本節點**。**主節點** (primary node) 負責資料的更新與查詢, **複本節點** (replica node) 則負責在主節點更新之後, 保留主節點的資料複本, 其資料查詢方式與主節點相同。雖然資料更新時, 需花點時間複製到複本節點上, 但往後資料查詢的效率也會隨著節點數量的增加而獲得提升。

此外, 由於複本節點可以在主節點故障時繼續運作, 因此也能提升容錯能力, 而在滿足一定條件後, 也可將任意複本節點提升為主節點。

叢集 (cluster)

叢集 (cluster) 是由多個碎片所組成。使用叢集建置 ElastiCache 時，資料會被分割到不同碎片上。若啟用異地同步備份，還可將資料分散到多個 Availability Zone 中，如此一來，即使某個區域故障，也能移轉到其他區域繼續提供服務。

總結來說，ElastiCache 可依照所需的性能，選擇要使用何種架構。例如使用**碎片**架構可提升單一節點故障時的容錯能力與讀取時的性能；使用**叢集**架構則可提升 Availability Zone 故障時的容錯能力。

> **NOTE**
>
> 但要提升容錯能力，就必須增加節點數量，而節點數量的增加也意味著成本的增加，這點還請務必留意。

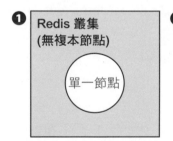

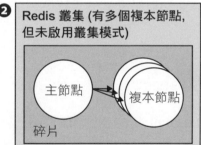

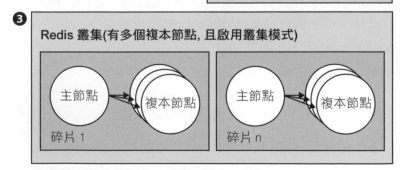

▲ 3 種不同的 ElastiCache 內部架構

12.3　建立 ElastiCache 快取伺服器

接下來就開始建立 ElastiCache 作為快取伺服器吧！本範例建立的 ElastiCache 將以 Redis 作為快取引擎, 碎片中含有 3 個節點 (1 個主節點 + 2 個複本節點), 並啟用叢集模式與異地同步備份, 架構如下圖所示:

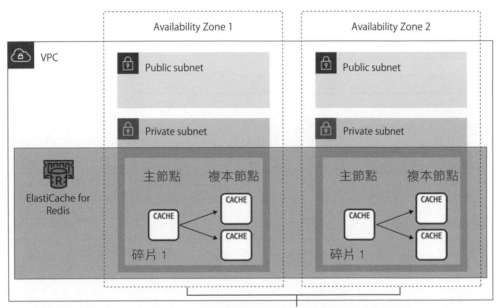

▲ 建立 ElastiCache　　　　　啟用叢集模式, 在不同的 Availability Zone 建置碎片 (節點群組)

SAVING MONEY

$ 省錢大作戰！小編幫你精算 AWS 費用

實際開始操作前, 先提供本書的 ElastiCache 使用費讓您大致有個概念。建立完 ElastiCache 服務後, 本章會進行一些簡單的測試, 後續第 13 章部署好網站後, ElastiCache 也會持續運作快取服務。依小編觀察各月 AWS 帳單, ElastiCache 會是本書各服務當中較需付費的服務之一, 雖然它有提供免費額度, 但運作下來單月的使用費約為 15～20 美元以上。

依實際操作, 即便沒有實際將 ElastiCache 架設起來, 書中的範例網站還是可以運作 (只是少了快取機制), 就視讀者的需要了, 而建立完 ElastiCache 後若不再需要, 也可以依附錄 A 的介紹將其刪除, 以上供您參考。

12.3.1 先一覽設定內容

ElastiCache 的設定項目如下：

▼ ElastiCache 的設定項目

欄位	設定值	說明
叢集引擎 (Cluster engine)	Redis	選擇 Redis 或 Memcached。本例選用 Redis 引擎 (Amazon ElastiCache for Redis)
叢集模式 (Cluster Mode)	啟用 (enabled)	允許使用多個碎片
名稱 (Name)	sample-elasticache	自訂叢集的名稱
描述 (Description)	Sample Elasticache	叢集的說明
節點類型 (Node type)	cache.t3.micro	選擇以低規格進行開發
碎片數 (Number of Shards)	2	
每個碎片的複本 (Replicas per Shard)	2	
子網路群組 (Subnet group)	新建 (Create new)	本例會建立新的, 但若已有建立好的, 也可以使用
名稱 (Name)	sample-elasticache-subnet	子網路群組的名稱
描述 (Description)	Sample ElastiCache Subnet	子網路群組的說明
VCP ID	(第 4 章建立的 VPC)	子網路所屬的 VPC
子網路 (Subnets)	(第 4 章建立的所有私有子網路)	組成子網路群組的子網路

12.3.2　ElastiCache 的建立流程

　　首先, 從 AWS 主控台左上角的「**服務 (Services)**」選單中點擊「**資料庫 (Database)**」→「**ElastiCache**」, 開啟 ElastiCache 的儀表板。接著點開左側「**Redis**」的畫面, 並點擊「**建立 (Create)**」按鈕:

> ◆ **編註**　提醒讀者, 以下操作請確認已將 AWS 的使用區域切換回 ap-northeast-1, 也就是一路下來我們操作所處的區域 (第11 章除外)。

▲ 開始建立 ElastiCache

　　由於接下來一整個畫面包含所有的設定項目, 因此我們拆成 3 個部份來講解, 都是依上一頁的表格內容進行設定。

🌐 建立您的 Amazon ElastiCache 叢集

　　首先第 1 部分是設定叢集引擎與叢集模式。本範例選擇「Redis」作為叢集引擎, 並勾選「**已啟用的叢集模式**」, 以允許使用多個碎片:

▲ 建立 Amazon ElastiCache 叢集

⬢ Reis 設定 (Redis settings)

第 2 部分是 Redis 叢集的基本設定。

「**名稱**」欄位輸入 Redis 叢集的名稱 ❶。節點類型、碎片數及每個碎片的複本，則依 12.3.1 節的表格進行設定 ❷。其中的節點類型請記得改成用量沒那麼大的 cache.t.micro。

接著建立子網路群組 ❸，本例選擇「**新建**」一個群組，「**VPC ID**」的部分請選擇第 4 章建立的 VPC。

「**子網路**」需勾選之前建立的兩個「私有」子網路 ❹。

以上設定會將 ElastiCache 建立在 VPC 內，因此 EC2 執行個體等皆可使用。

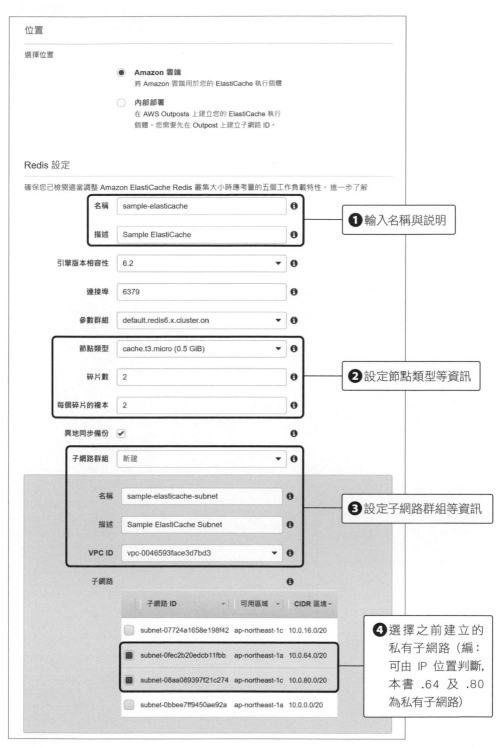

位置

選擇位置

- ◉ **Amazon 雲端**
  將 Amazon 雲端用於您的 ElastiCache 執行個體

- ○ **內部部署**
  在 AWS Outposts 上建立您的 ElastiCache 執行
  個體。您需要先在 Outpost 上建立子網路 ID。

Redis 設定

確保您已檢閱適當調整 Amazon ElastiCache Redis 叢集大小時應考量的五個工作負載特性。進一步了解

名稱	sample-elasticache	❶ 輸入名稱與說明
描述	Sample ElastiCache	

引擎版本相容性　6.2

連接埠　6379

參數群組　default.redis6.x.cluster.on

節點類型　cache.t3.micro (0.5 GiB)

碎片數　2　❷ 設定節點類型等資訊

每個碎片的複本　2

異地同步備份　☑

子網路群組　新建

名稱　sample-elasticache-subnet

描述　Sample ElastiCache Subnet　❸ 設定子網路群組等資訊

VPC ID　vpc-0046593face3d7bd3

子網路

子網路 ID	可用區域	CIDR 區塊
☐ subnet-07724a1658e198f42	ap-northeast-1c	10.0.16.0/20
☑ subnet-0fec2b20edcb11fbb	ap-northeast-1a	10.0.64.0/20
☑ subnet-08aa089397f21c274	ap-northeast-1c	10.0.80.0/20
☐ subnet-0bbee7ff9450ae92a	ap-northeast-1a	10.0.0.0/20

❹ 選擇之前建立的
私有子網路（編：
可由 IP 位置判斷，
本書 .64 及 .80
為私有子網路）

▲ 設定 Redis

◉ 進階 Redis 設定 (Advanced Redis settings)

　　第 3 部分是性能
相關的設定,通常保留
為預設值即可,本例不
做任何變更。

進階 Redis 設定

至此為止, ElastiCache 已建立完畢, 請稍待一下, 約 20 分鐘內, 狀態 (Status) 欄就會顯示「**可用 (available)**」了:

▲ 建立完成的 ElastiCache

如此一來 ElastiCache 就建立完成了。

12.4　確認連線是否正常

本節教您如何確認 ElastiCache 的運作是否正常。

使用 SSH 連線至 EC2

由於本次的 ElastiCache 建立在 VPC 內, 因此要連線到 VPC 內的 EC2 執行個體來確認 ElastiCache 是否正常運作。請使用 SSH 連線至第 6 章建立的網頁伺服器 web01 (web02 亦可)。

```
PS C:\Users\nakak> ssh web01
```

🏵 安裝 nc 指令

要連線到 ElastiCache 叢集, 需使用 **nc** 指令, 但 Amazon Linux 2 預設沒有安裝這個工具, 我們先進行安裝。

執行結果

```
$ sudo yum -y install nc ◀── 在 web01 伺服器中安裝 nc 工具
```

> **★ 編註** 關於連線到 web01 相信讀者都已經很熟悉了 (如 8.7 節的說明), 而由於我們的 EC2 網頁伺服器是建置在私有子網路內, 在執行「**sudo yum -y install nc**」前, 請讀者先確認 4.4 節的 NAT 閘道, 以及 4.5 路由表當中, 與 NAT 閘道相關的功能服務目前都可以正常運作, 必須確認有連上 Internet 才能夠安裝 nc 工具。

🏵 ElastiCache 叢集的連線測試

由於連線目的地為 ElastiCache 的叢集, 因此本次測試的對象是與叢集之間的連線, 而非快取中的資料。

首先, 檢視 ElastiCache 叢集的詳細資訊, 從 ElastiCache 的儀表板開啟「Redis」的畫面, 點擊 ElastiCache 叢集前面的按鈕, 記下「**組態端點 (Configuration Endpoint)**」中的網域和連接埠號碼:

1 點擊 Redis　**2** 勾選這裡以查看資訊

▲ 檢視叢集詳細資訊

連線位址 (編註：但請留意待
會要把網址跟通訊埠分開)

　　接下來在網頁伺服器 web01 上執行以下指令, 確認 ElastiCache 是否
會傳回回應：

輸入上圖查到的端點位址

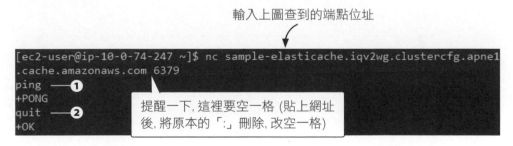

　　其中 ❶ 執行的是用來檢查連線的 **ping** 指令。若能順利連線, 就會傳
回訊息「+PONG」。❷ 執行的是用來切斷連線的 **quit** 命令。若能切斷連
線, 就會傳回訊息「+OK」。

　　如此一來, ElastiCache 的建立與連線檢查就都完成了。

 MEMO

第 **13** 章

將範例網頁程式
部署到 AWS

前 12 章操作完, 我們已經完成所有雲端設施的建置, 本章就要將範例的 Web 應用程式部署到 AWS 上面, 並嘗試啟動網站來運作。

SAVING MONEY

省錢大作戰！小編幫你精算 AWS 費用

讀者應該都是從第 2 章開始跟著操作, 從首次註冊起可以使用 12 個月的免費方案, 關於免費方案的說明請參考以下網址：

URL https://aws.amazon.com/tw/free/
URL https://aws.amazon.com/tw/free/free-tier-faqs/

但如同一路下來不斷提醒的, 就算這 12 個月的免費期限還沒到, 當中有些服務還是得付費, 有些則是免費用量超過時就得付費, 因此若是以學習為目建置, 請務必將「**刪除服務 = 省錢**」一事記在心上, 尤其以下幾種資源的費用占比較高, 請隨時透過 AWS 網站右上角的**帳單儀表板**來留意：

- NAT 閘道 (要特別注意)
- 彈性 IP (要特別注意)
- EC2
- Application Load Balancer
- 公有 DNS (以月為單位計價), 但若於建立後 12 小時內刪除, 將不收取任何費用。
- 網域使用費 (以年為單位計價, 一年 12 美金)

- RDS
- ElastiCache (要特別注意)
- S3

假設, 讀者照著本書操作一直都沒有刪除資源, 當免費方案到期後, 依作者估算使用 1 個月的總金額約會落在新台幣 10,000 至 20,000 元之間 (編：不算小數目, 因此實際上小編過程中會「暫時」刪除用不到的服務, 需要用時再建回來最常刪除的是 NAT 匣道及彈性 IP, 這種省錢法 4 個月的總花費約台幣 3,000 元左右, 有需要的話您也可以這樣做)。**針對如何刪除本書建立的付費資源, 請參考最後面附錄 A「刪除 AWS 資源的方法」。**

13.1 　先期準備工作

13.1.1 　一覽要部署在 AWS 的範例網頁程式

要部署到 AWS 的應用程式以任何程式語言或軟體框架來編寫都可以，本書的範例程式是以 Ruby on Rails 程式框架編寫而成，程式的細節不是本書的重點，讀者直接下載來用就好。我們先大致看一下此範例的功能：

▼ 此範例是取自 Ruby on Rails Tutorial 網站第 3 章的範例：
URL https://railstutorial.jp/chapters/static_pages?version=6.0#cha-static_pages

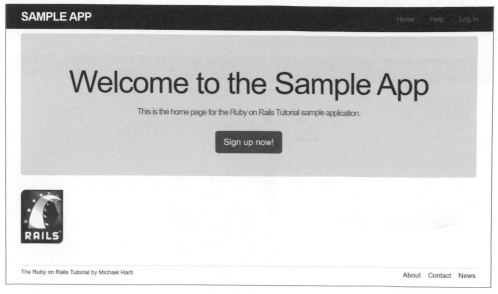

▲ 範例的首頁畫面

此範例程式為簡單的社群網站，具備以下幾種功能：

● 會員註冊。

● PO 文。

● 追蹤其他使用者。

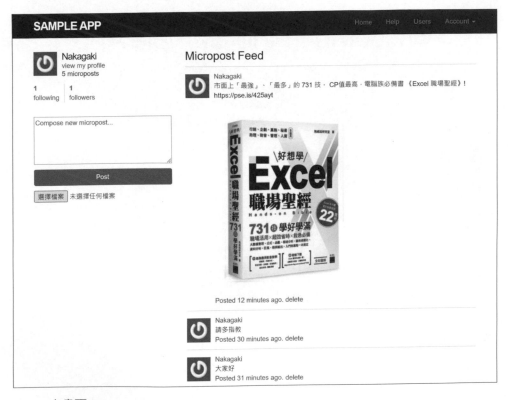

SAMPLE APP　　　　　　　　　　　　　　　　　　Home　Help　Log in

Sign up

Name

Nakagaki

Email

flagawsintro@gmail.com

Password

••••••••

Confirmation

••••••••

Create my account

The Ruby on Rails Tutorial by Michael Hartl　　　　　　　　　About　Contact　News

▲ 會員註冊畫面

SAMPLE APP　　　　　　　　　　　　　　　Home　Help　Users　Account ▾

Nakagaki
view my profile
5 microposts

1　　　**1**
following　followers

Compose new micropost...

Post

選擇檔案　未選擇任何檔案

Micropost Feed

Nakagaki
市面上「最強」、「最多」的 731 技， CP值最高，電腦族必備書《Excel 職場聖經》！
https://pse.is/425ayt

Posted 12 minutes ago. delete

Nakagaki
請多指教
Posted 30 minutes ago. delete

Nakagaki
大家好
Posted 31 minutes ago. delete

▲ PO 文畫面

網頁伺服器 (EC2：Web Server)

EC2 執行個體則建立了 3 個。

第 1 個是第 5 章說明的**堡壘伺服器**。此伺服器為應用程式管理員自外部連線時的入口, 建立於**公有**子網路中。

另外 2 個則是第 6 章說明的**網頁伺服器**, 供使用者存取與執行範例應用程式所需。分別建立在 2 個**私有**子網路中。

負載平衡器 (EC2：Application Load Balancer)

依照第 7 章的說明, 建立 1 個**負載平衡器**, 以接收來自應用程式使用者的 request, 透過負載平衡器, 使用者才可以連線到網頁伺服器。

資料庫伺服器 (RDS)

依照第 8 章的說明, 在 VPC 內建立範例應用程式所需的**資料庫伺服器**。雖然依第 8 章的的架構當中看起來只有 1 個, 但實際上可以利用異地同步備份等功能建立出多個。

儲存影像用的儲存空間 (S3)

依照第 9 章的說明, 在 VPC 外建立存放會員 PO 圖用的 S3 儲存貯體。在第 11 章當中我們也利用 S3 來存放外部寄來的郵件。

網域 (Route 53)

第 10 章說明的 Route 53 有 2 種設定。公有 DNS 負責此系統網域名稱的管理, 私有 DNS 則負責 VPC 內部伺服器的命名與管理。

郵件伺服器 (Amazon SES)

第 11 章介紹的郵件伺服器 (Amazon SES) 與 S3 同樣建立於 VPC 外部。

快取功能 (ElastiCache)

第 12 章介紹的快取功能 (ElastiCache) 建立於 VPC 內部。和 RDS 一樣, 實際上會利用叢集等功能建立出多個。

🔷 中介軟體的架構

最後來確認用來執行此範例應用程式的中介軟體的架構, 本範例應用程式會架在web01、web02 伺服器上, 因此中介軟體的設定會在 web01、web02 伺服器上進行。

此外, 本書的範例應用程式是以 Ruby on Rails 軟體框架撰寫、執行, 因此需要安裝 Ruby 程式語言。雖然 Ruby on Rails 本身也有網頁伺服器的功能, 但為了能夠更有效率地接收更多的 request, 我們會在負載平衡器與 Ruby on Rails 框架之間建立 1 個 nginx 網頁伺服器。整體的規劃如下圖所示:

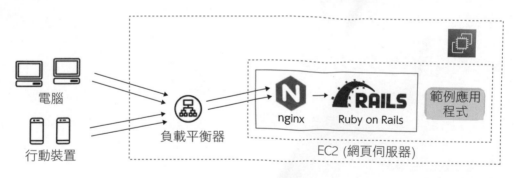

▲ 中介軟體的架構

13.2   實際部署範例應用程式

本節就著手部署範例應用程式到網頁伺服器上, 部署流程大致如下:

- 設定作業系統和部署中介軟體。

- 建置 Ruby on Rails 環境。

- 部署範例應用程式。

後續整個流程中除了標註 **僅限 web01** 的之外, 其餘皆須在 2 個網頁伺服器 web01 和 web02 上執行, 以下具體說明部署的流程。

> **★編註** 除了標註 **僅限 web01** 的以外, web02 和 web01 的操作完全一樣, 雖說 web02 上的不一樣得做, 但概念上 web02 是我們的備援伺服器, 因此還是要確認一遍是否運作正常。

13.2.1   設定作業系統並部署中介軟體

首先在 we01、web02 設定作業系統並部署中介軟體, 此步驟需由具備作業系統管理員權限的 **ec2-user** 使用者執行。

第 1 步先使用 ssh 指令分別連線至 2 個網頁伺服器:

執行結果
```
PS C:\Users\nakak> ssh web01

[ec2-user@ip-10-0-67-66 ]$
```

執行結果
```
PS C:\Users\nakak> ssh web02

[ec2-user@ip-10-0-80-12 ]$
```

安裝中介軟體

第 2 步要利用以下一長串指令安裝 Ruby on Rails 執行所需的中介軟體以及 nginx 伺服器，**提醒一下**，從現在開始，我們的 EC2 網頁伺服器都**必須連上 Internet**，才能夠安裝各種套件。因此，請確認 4.4 節的 NAT 閘道，以及 4.5 路由表當中，與 NAT 閘道相關的功能服務目前都可以正常運作。

執行結果 安裝中介軟體 (本章較長的安裝語法都可到下載範例檔 ch13\13.2.1 節 .txt 內複製來用)

```
[ec2-user]$ sudo yum -y install git gcc-c++ glibc-headers
openssl-devel readline libyaml-devel readline-devel zlib zlib-
devel libffi-devel libxml2 libxslt libxml2-devel libxslt-devel
sqlite-devel libcurl-devel mysql mysql-devel ImageMagick
```

到下載範例 ch13\13.2.1節 .txt 內複製語法後, 在 powershell 按右鍵就可以貼上

執行結果 安裝 nginx 伺服器工具

```
[ec2-user]$ sudo amazon-linux-extras install -y nginx1
```

★小編補充 額外安裝 node.js、npm、yarn 套件

除了上述的套件，經小編和譯者測試，也建議您同時安裝 **node.js**、**npm**、**yarn** 等套件，雖然不一定會用到，但小編測試時曾遇到一些錯誤訊息與此相關，建議還是通通裝起來有備無患：

執行結果 安裝 node.js 等工具

```
[ec2-user]$ curl -fsSL https://rpm.nodesource.com/setup_16.x | sudo bash -

[ec2-user]$ sudo yum install nodejs

[ec2-user]$ sudo wget https://dl.yarnpkg.com/rpm/yarn.repo -O /etc/yum.repos.d/yarn.repo

[ec2-user]$ sudo yum install yarn
```

在網頁伺服器中撰寫 nginx 設定程式

第 3 步要撰寫 nginx 網頁伺服器的設定檔, 使其可與執行範例應用程式的 Ruby on Rails 一起使用:

執行結果　建立 rails.conf 設定檔

```
[ec2-user]$ sudo vim /etc/nginx/conf.d/rails.conf ←
```
　執行此命令, 用 vim 開啟空白檔案後,
　再將程式內容貼到 rails.conf 檔案內

▼ 在 /etc/nginx/conf.d/rails.conf 撰寫 nginx 設定　　　開啟編輯畫面
　(可到下載範例檔 ch13\13.2.1 節 .txt 內複製程式 , 再到 vim 編輯器中貼上)

```
upstream puma{
# 藉由設定 puma 指定 socket 檔案
server unix:///var/www/aws-intro-sample/tmp/sockets/puma.sock;
}

server{
# 指定 nginx 欲監聽的連接埠
listen 3000 default_server;
        listen [::]:3000 default_server;
        server_name puma;

location ~ ^/assets/ {
                root /var/www/aws-intro-sample/public;
        }

        location / {
                proxy_read_timeout 300;
                proxy_connect_timeout 300;
                proxy_redirect off;
                proxy_set_header Host $host;
                proxy_set_header X-Forwarded-Proto $http_x_
forwarded_proto;
                proxy_set_header X-Forwarded-For $proxy_add_x_
forwarded_for;
                # 藉由之前在 server_name 中設定的名稱指定
                proxy_pass http://puma;
        }
}
```

貼上語法後請記得儲存檔案 (編：若對 vim 的操作不熟悉可以參考
7.3.1 節, 網路上也可以找到不少教學文章)。

🔵 在網頁伺服器中建立 deploy 使用者

第 4 步要建立一個名為 deploy 的使用者。deploy 使用者是具有執行
範例應用程式權限的一般使用者。由於 ec2-user 使用者擁有接近管理員的
權限, 因此通常都會像這樣另外再建立出僅擁有執行應用程式權限的一般
使用者。

執行結果　建立 deploy 使用者

```
[ec2-user]$ sudo adduser deploy
```

🔵 建立應用程式的啟動目錄

最後, 第 5 步要建立的是範例應用程式的啟動目錄, 由於此目錄是由
deploy 使用者操作, 因此須以 Linux 的 **chown** 指令變更目錄權限：

執行結果　建立目錄

```
[ec2-user]$ sudo mkdir -p /var/www  ← 建立 www 目錄, 範例
                                        程式就會放在這裡
[ec2-user]$ sudo chown deploy:deploy /var/www  ← 變更存取權限
```

如此一來, 中介軟體的安裝作業就完成了。

13.2.2 建置 Ruby on Rails 環境

接下來, 要建置 Ruby on Rails 環境。以下步驟需接續在中介軟體安
裝完成後進行。

⚙ 切換至 deploy 使用者

首先切換至 deploy 使用者：

執行結果　切換至 deploy 使用者

```
[ec2-user]$ sudo su - deploy
[deploy]$  ◀—— 已切換至 deploy 使用者
```

⚙ 安裝 Ruby 工具

由於範例應用程式是以 Ruby on Rails 編寫而成，因此必須安裝 Ruby。Ruby 的安裝方式有很多種，本書使用的是 rbenv。rbenv 是可以同時安裝多個 Ruby 版本的軟體，使用起來很有效率：

執行結果　安裝 rbenv

```
[deploy]$ curl -fsSL https://github.com/rbenv/rbenv-installer/
raw/HEAD/bin/rbenv-installer | bash

[deploy]$ echo 'export PATH="$HOME/.rbenv/bin:$PATH"' >>
~/.bash_profile

[deploy]$ echo 'eval "$(rbenv init -) "' >> ~/.bash_profile

[deploy]$ source ~/.bash_profile
```

接著依序執行二行指令安裝 Ruby，這可能需要 5 到 10 分鐘的時間：

執行結果　安裝 Ruby

```
[deploy]$ rbenv install 2.6.6
[deploy]$ rbenv global 2.6.6
```

⚙ 安裝 Ruby on Rails

最後是 Ruby on Rails 的安裝：

```
[deploy]$ gem install rails -v 5.1.6
```

　　以上沒有列出執行指令後的畫面的, 代表基本上什麼都不用做, 執行後靜待完成即可。如此一來, Ruby on Rails 的環境就建置完成了。

13.2.3 部署範例應用程式

　　最後是部署範例應用程式。範例應用程式可以用 Git 指令, 從作者的 GitHub 儲存庫中取得:

▼ 範例應用程式的儲存庫
URL https://github.com/nakaken0629/aws-intro-sample

▲ 範例應用程式所在的 Github 儲存庫

　　部署作業同樣是以 deploy 使用者繼續進行。

🔷 建立資料庫與使用者　僅限 web01

　　由於我們要將範例程式的會員註冊內容、PO 文容儲存在 RDS 服務中, 因此首先在 RDS 上建立所需的資料庫與使用者, 步驟如下:

　　首先執行 **mysql** 指令, 以連線至 mysql 伺服器 ❶。連線成功後, 建立資料庫 ❷ 與使用者 ❸ (此例使用者名稱為 sample_app, 密碼為 1234)。**請記下此處設定的密碼, 之後設定範例應用程式時還會再用到,** 並注意 mysql 指令必須以分號結束。此外, 由於此步驟是為了更新 RDS, 因此只在 web01 上執行一次就好, web02 上頭不用再重覆執行。

執行結果	建立資料庫與使用者

```
[deploy]$ mysql -u admin -p -h db.home  ◀── ❶ 連線到 mysql
  (此處顯示連線時的資訊, 編註：可參考以下截圖)
mysql> create database sample_app;  ◀── ❷ 建立 sample_app 資料庫
mysql> create user sample_app identified by '1234';  ◀──┐
                              ❸ 使用者名稱及密碼為 sample_app、1234
mysql> grant all privileges on sample_app.* to sample_app@'%';
mysql> quit
```

提醒一下, 登入 mysql 時需要密碼, 是我們
在 8.6 節(8-18頁)建立資料庫時所設定的

```
[deploy@ip-10-0-74-247 ~]$ mysql -u admin -p -h db.home
Enter password: ◀
Welcome to the MariaDB monitor.  Commands end with ; or \g.
Your MySQL connection id is 13256
Server version: 8.0.27 Source distribution

Copyright (c) 2000, 2018, Oracle, MariaDB Corporation Ab and others.

Type 'help;' or '\h' for help. Type '\c' to clear the current input statement.

MySQL [(none)]> create database sample_app;
Query OK, 1 row affected (0.13 sec)

MySQL [(none)]> create user sample_app identified by '1234';
Query OK, 0 rows affected (0.05 sec)

MySQL [(none)]> grant all privileges on sample_app.* to sample_app@'%';
Query OK, 0 rows affected (0.01 sec)

MySQL [(none)]> quit
Bye
[deploy@ip-10-0-74-247 ~]$
```

登入成功, 依續執行上面的 4 行 mysql 指令即可

取得範例應用程式

接下來從作者的 Github 儲存庫中下載範例應用程式。以下使用 Git 的 clone 指令：

執行結果 取得範例應用程式

```
[deploy]$ cd /var/www ◄── 切換到 nginx 的 var / www 目錄
[deploy]$ git clone https://github.com/nakaken0629/aws-intro-sample.git ◄── 複製範例程式
```

安裝 Ruby 函式庫

安裝範例應用程式所需的 Ruby 函式庫 (Gem)。由於範例應用程式中便有提供執行安裝作業的指令，因此以下直接使用該指令：

執行結果 安裝函式庫

```
[deploy]$ cd aws-intro-sample ◄── 切換到 deploy 使用者的 var / www /
                                   aws-intro-sample 範例目錄
[deploy]$ bundle install ◄── 執行安裝指令
```

★編註 接著會執行一連串的安裝步驟 (約跑 3 分鐘), 靜待安裝完成即可：

```
Post-install message from fog:
--------------------------------
Thank you for installing fog!

IMPORTANT NOTICE:
If there's a metagem available for your cloud provider, e.g. `fog-aws`,
you should be using it instead of requiring the full fog collection to avoid
unnecessary dependencies.

'fog' should be required explicitly only if:
- The provider you use doesn't yet have a metagem available.
- You require Ruby 1.9.3 support.
--------------------------------
[deploy@ip-10-0-74-247 aws-intro-sample]$ _
```

生成密鑰　僅限 web01

為了確保 Ruby on Rails 的安全性，必須生成 1 個隨機值。請複製並記下此命令的輸出結果 (之後設定中會使用到)：

執行結果　生成密鑰

```
[deploy]$ rails secret
```

```
[deploy@ip-10-0-74-247 aws-intro-sample]$ rails secret
f94e9e25e9e9bb194eaa82372ec63aa207ff587ca35a9d8c3931ee984f008fc25dffe13d4
927d4203e0d8a2c2e66f7f8716396494a70ec1ed72741672a9c3932
```

複製這些數值下來待會會用到

> **NOTE**
>
> 密鑰的生成只需在 web01 上執行，之後的設定還會使用到此密鑰，屆時 web01 與 web02 將使用同樣的密鑰。

範例應用程式所需的 .bash_profile 設定

最後進行範例應用程式最重要的設定。此設定會儲存在 deploy 使用者主目錄的 .bash_profile 檔案中。我們要在該檔案的最後增加底下的設定內容，並將各項設定之值 (見下頁表格) 改寫為讀者在前面各章中，於 AWS 內設定的值：

執行結果

```
[deploy@ip-10-0-74-247 aws-intro-sample]$ cd ◄
```

目前的操作目錄應該是在 /var/www/aws-intro-sample，我們先切換到 deploy 使用者的主目錄

```
[deploy@ip-10-0-74-247 ~]$ vim .bash_profile ◄
```

編輯 .bash_profile 檔案

▼ 範例應用程式所需設定 (.bash_profile)。
語法可至下載範例檔 Ch13/13.3.2 節 .txt 中複製

```
# 範例應用程式所需設定
export SECRET_KEY_BASE=               ──────────①
export AWS_INTRO_SAMPLE_DATABASE_PASSWORD=──②
export AWS_INTRO_SAMPLE_HOST=        ──────────③
export AWS_INTRO_SAMPLE_S3_REGION=   ──────────④
export AWS_INTRO_SAMPLE_S3_BUCKET=   ──────────⑤
export AWS_INTRO_SAMPLE_REDIS_ADDRESS=──────────⑥
export AWS_INTRO_SAMPLE_SMTP_DOMAIN= ──────────⑦
export AWS_INTRO_SAMPLE_SMTP_ADDRESS=──────────⑧
export AWS_INTRO_SAMPLE_SMTP_USERNAME=─────────⑨
export AWS_INTRO_SAMPLE_SMTP_PASSWORD=─────────⑩
```

▼ 各設定項目之值的查看方式

設定項目	值怎麼來？
① SECRET_KEY_BASE	本小節 (**13-17 頁**)「生成密鑰」中取得的密鑰。web01 與 web02 指定同樣的值。
	請注意：之前的步驟曾在 web01 上生成了 1 個密鑰。請在 web01 和 web02的 SECRET_KEY_BASE 中指定相同的值 (也就是在 web02 的設定中，指定於 web01 中生成的密鑰)。若指定不同的值，web 應用程式將無法正常運作。
	密鑰長得像：f94e9e25e9e9bb194eaa8237 2ec63aa207ff587ca35a9d8c3931ee984f0 08fc25dffe13d4927d4203e0d8a2c2e66f7f 8716396494a70ec1ed72741672a9c3932
② AWS_INTRO_SAMPLE_DATABASE_ PASSWORD	本小節 (**13-15 頁**)「建立資料庫與使用者」中指定的 MySQL 密碼
	本例為：1234
③ AWS_INTRO_SAMPLE_HOST	10.4.1 小節 (**10-24 頁**) 為負載平衡器取的紀錄名稱
	本例為：www.flag-aws-intro-sample.com

接下頁

❹ AWS_INTRO_SAMPLE_S3_REGION	9.2.1 節（**9-8 頁**）建立的儲存貯體所處的區域與名稱
❺ AWS_INTRO_SAMPLE_S3_BUCKET	本例 region：ap-northeast-1 本例 bucket 名稱：flag-aws-intro-sample-upload
❻ AWS_INTRO_SAMPLE_REDIS_ADDRESS	12.4 節（**12-17 頁**）連線檢查時所查看的叢集網址 本例為：sample-elasticache.iqv2wg.clustercfg.apne1.cache.amazonaws.com
❼ AWS_INTRO_SAMPLE_SMTP_DOMAIN	11.2.1 節（**11-9 頁**）「在 Amazon SES 中建立網域身分」中新增的網域 本例為：flag-aws-intro-sample.com
❽ AWS_INTRO_SAMPLE_SMTP_ADDRESS	11.2.3 節（**11-22 頁**）的 SMTP endpoint 本例為：email-smtp.ap-northeast-1.amazonaws.com
❾ AWS_INTRO_SAMPLE_SMTP_USERNAME	11.2.3 節（**11-24 頁**）credential.csv 憑證檔內查詢得知 本例為：AKIAVE7FF4XPJVSYUJTS
❿ AWS_INTRO_SAMPLE_SMTP_PASSWORD	11.2.3 節（**11-24 頁**）credential.csv 憑證檔內查詢得知 本例為：BDSE1Vmfnqz5/SacxNlVHJdjq22uuAxYCa8cvYVlSHX8

```
export SECRET_KEY_BASE=f94e9e25e9e9bb194eaa82372ec63aa207ff587ca35a9d8c3931ee984f008
fc25dffc13d4927d4203e0d8a2c2e66f7f8716396494a70ec1ed72741672a9c3932
export AWS_INTRO_SAMPLE_DATABASE_PASSWORD=
export AWS_INTRO_SAMPLE_HOST=www.flag2-aws-intro-sample.com
export AWS_INTRO_SAMPLE_S3_REGION=ap-northeast-1
export AWS_INTRO_SAMPLE_S3_BUCKET=flag2-aws-intro-sample-upload
export AWS_INTRO_SAMPLE_REDIS_ADDRESS=sample-elasticache.iqv2wg.clustercfg.apne1.cac
he.amazonaws.com:6379
export AWS_INTRO_SAMPLE_SMTP_DOMAIN=flag2-aws-intro-sample.com
export AWS_INTRO_SAMPLE_SMTP_ADDRESS=email-smtp.us-east-1.amazonaws.com
export AWS_INTRO_SAMPLE_SMTP_USERNAME=AKIAVE7FF4XPJVSYUJTS
export AWS_INTRO_SAMPLE_SMTP_PASSWORD=BDSE1Vmfnqz5/SacxNlVHJdjq22uuAxYCa8cvYVlSHX8
:q
```

將設定內容新增至 deploy 使用者目錄的 .bash_profile 檔案內

用 vim 編輯完畢後，執行以下指令讓設定生效：

執行結果 　使 .bash_profile 設定生效

```
[deploy]$ source ~/.bash_profile
```

建立表格 　僅限 web01

剛才下載的範例應用程式中，含有在資料庫中建立表格的設定，最後執行底下這行指令：

執行結果

```
[deploy]$ cd /var/www/aws-intro-sample
```
　　　　　　　　└── 再次切換到 nginx 的 var/www/asw 目錄
```
[deploy  aws-intro-sample]$ rails db:migrate RAILS_ENV=production
```
　　　後面的 rails 指令一定要在　　　　　　執行這個指令
　　　aws-intro-sample 目錄中執行

啟動範例應用程式

設定差不多完成了，現在來檢查一下範例應用程式是否可以正常啟動。

切換回 ec2-user 使用者重啟設定

目前登入的使用者是 deploy，為了更新設定內容，必須先回到 ec2-user 使用者重啟設定：

執行結果 　登出 deploy 使用者

```
[deploy  aws-intro-sample] $ exit  ◀── 登出 deploy 使用者
logout
```
　　┌── 回到 ec2-user 使用者的目錄
```
[ec2-user]$ sudo systemctl restart nginx.service  ◀──┐
```
　　　　　　　　　　　　　　　　　重新啟動 nginx 以載入已變更之設定

> ★ 編註 若以上這行執行後出現錯誤訊息, 多半是 13-11 頁 /etc/nginx/conf.d/
> rails.conf 檔案的輸入內容有誤, 請將下載範例檔 ch13 / 13.2.3節.txt 當中的語法
> 「完整不動」複製 rails.conf 檔案內。

切換到 deploy 使用者啟動範例應用程式

然後再切換回到 deploy 使用者, 執行以下指令啟動範例應用程式, **請記得**要切換到範例應用程式的儲存位置 /var/www/aws-intro-sample 來執行:

執行結果　啟動範例應用程式

```
[ec2-user]$ sudo su - deploy                        切換到 deploy 使用者的
[deploy]$ cd /var/www/aws-intro-sample              aws-intro-sample 目錄


[deploy aws-intro-sample]$ rails assets:precompile RAILS_ENV=production
[deploy aws-intro-sample]$ rails server -e production
                                            依序執行這兩行指令來啟動伺服器
```

如此一來, 範例應用程式就正式啟動了! 在上述過程中, 請特別留意要在對的使用者以及對的目錄底下執行各項指令, 前面內文都有提示執行指令的所在位置喔!

```
[deploy@ip-10-0-74-247 aws-intro-sample]$ rails server -e production
=> Booting Puma
=> Rails 5.1.7 application starting in production
=> Run `rails server -h` for more startup options
Puma starting in single mode...
* Version 3.12.6 (ruby 2.6.6-p146), codename: Llamas in Pajamas
* Min threads: 5, max threads: 5
* Environment: production
* Listening on unix:///var/www/aws-intro-sample/tmp/sockets/puma.sock
Use Ctrl-C to stop
```

nginx 伺服器開始運作, 若要停止,
在鍵盤上按下 Ctrl + C 鍵即可

13.3 確認連線是否正常

本節帶您確認一下目前執行中的 ngnix 伺服器是否運作正常。

存取範例應用程式

直接在瀏覽器輸入之前申請的網域名稱即可：

```
https://www.之前取得的網域名稱/
```

本例為 http://www.flag-aws-intro-sample.com，順利的話就會出現
首頁畫面。

會員註冊

之前提到此範例程式為簡單的社群網站，我們先試試會員註冊功能：

▲ 首頁畫面

出現註冊畫面之後, 輸入必要資訊並點擊「**Create my account**」的按鈕。**請特別注意**, 若未執行第 11 章最後「將 Amazon SES 移出沙盒」的步驟, 則此處可註冊的 Email 僅限於 11.2.2 節有在 Amazon SES 通過驗證的 Email 地址喔!否則我們的範例程式是無法寄發會員驗證信給此 Email 的!

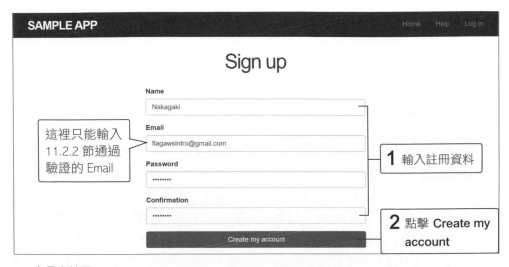

▲ 會員者註冊

點擊註冊完畢後, 會顯示以下畫面, 提示您去收信以通過驗證:

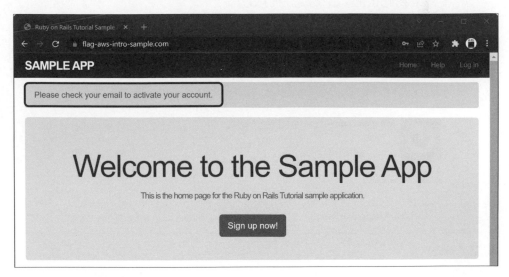

▲ 提醒您待驗證的訊息

接著去收信, 點擊這裡通過驗證即可

接著會來到此畫面, 這樣就註冊成功了！

使用者已登入

▲ 登入後的狀態

試著 PO 文看看系統如何運作

接著來試用看看 PO 文的功能，點擊畫面右上方的「Home」連結，接著會開啟 PO 文畫面，這裡可以輸入文字或張貼圖片。輸入完之後，點擊「Post」按鈕：

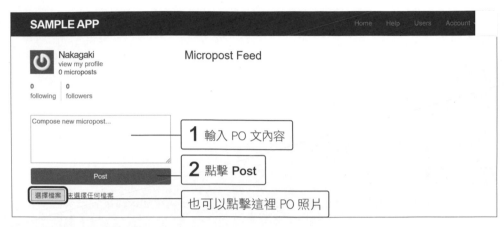

▲ 張貼短文並上傳圖片

若張貼內容順利顯示，就表示範例程式運作正常：

▲ 檢視 PO 文內容

🛑 檢查 PO 文資料的儲存狀態

體驗完範例的運作, 最後從管理員的角度來看 AWS 各服務背後所做的事。此範例所 PO 的文章都會儲存在先前所建的 RDS 資料庫, 圖片則會存在 S3 儲存貯體內。

我們先利用 **mysql** 指令連線至 RDS, 查看 RDS 中存放的資料。請開另一個 Powershell 視窗, 先連接至網頁伺服器:

執行結果

```
PS C:\Users\nakak> ssh web01
```

再執行以下指令, 應該就會顯示資料庫當中所儲存的 PO 文內容:

執行結果

```
[ec2-user]$ mysql -u sample_app -p -h db.home sample_app -e
'select * from microposts\G'
```

執行結果　　檢視 RDS 資料庫的內容

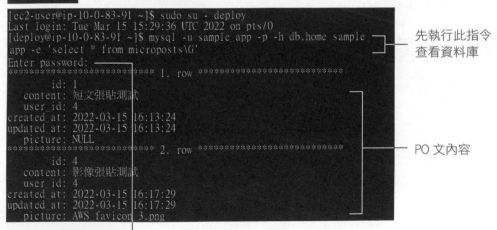

先執行此指令
查看資料庫

PO 文內容

這裡的密碼要輸入 13.2.3 節 sample_app 資料庫的密碼, 此例為 1234

而 PO 文時所上傳的圖片, 則可以到 S3 的儀表板上檢查。首先, 從 S3 的儀表板中選擇範例應用程式使用的 S3 儲存貯體 (本例為「flag-aws-intro-sample-upload」) :

1 點擊**儲存貯體**

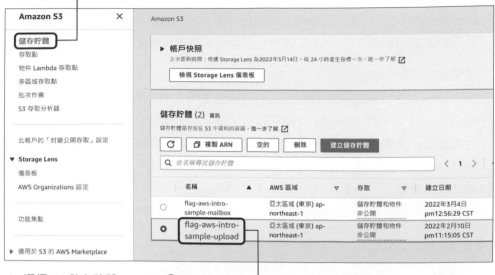

▲ 選擇 S3 儲存貯體

2 選擇我們用來存圖片的 upload 儲存貯體

接著開啟儲存貯體中的資料夾,確認檔案是否已上傳。本範例應用程式會將上傳的檔案儲存於儲存貯體的 /uploads/micropost/picture/(id) / 資料夾中:

看到集中存放到 S3 的圖片囉!這樣更明白 S3 儲存貯體的用途了吧!

▲ 檢查儲存於 S3 的圖片物件

MEMO

第 **14** 章

監控應用程式的
運作情況

應用程式發佈到網路上後，必須時時留意運作的情況，例如當運作時間一長，儲存的資料勢必越來越多，有可能會占滿磁碟空間；或者使用者的連線若突然激增，也可能導致回應速度變慢；最慘的就是因設備的故障導致伺服器突然關閉…

若希望能夠事先防範 (或至少事後迅速處理) 以上這些情況，平時就必須進行系統的監控 (monitoring)，本章就來介紹如何監控 AWS 建構出來的各種服務。

14.1　監控的概念

這一節我們先熟悉幾個監控的概念。

14.1.1　將各資訊集中監控

Web 服務是由許多服務所組成，若將所有服務的運作資訊集中在一處檢視最有效率，AWS 就提供**儀表板 (dashboard)** 功能讓我們一次檢視所有資訊：

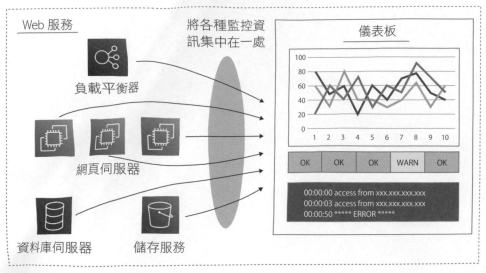

▲ 儀表板

14.1.2　系統異常的警示訊息

儀表板雖然提供了監控資訊, 但我們也不可能一年 365 天、一天 24 小時都一直盯著看, 因此需要規劃一個警示 (alarm) 通知, 例如當伺服器故障或使用者暴增導致回應變慢時, 就以簡訊、即時通訊軟體、Email 等方式通知:

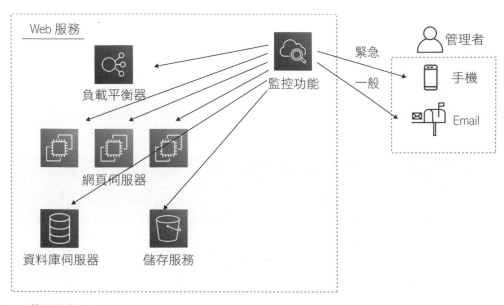

▲ 警示訊息

14.1.3　持續蒐集系統運作資訊

當服務出現問題時, 其原因可能不是發生在當下, 而是累積所造成的, 例如使用者數量可能從問題浮現的 3 個月前就開始異常增加, 假如只保留近期的資訊, 就可能一時找不出原因。因此在監控機制當中, 以數個月甚至數年為單位持續蒐集資訊是很重要的:

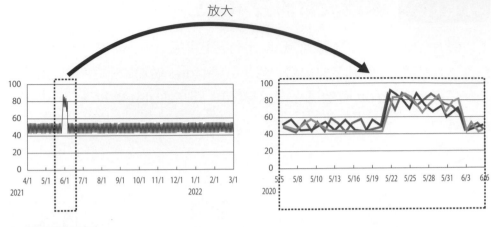

▲ 持續蒐集資訊

主要的監控項目

　　具體來說到底該監控哪些項目呢？這取決於服務的重要性，以下針對本書建立的資源中，最起碼須監控的項目做說明。

● 服務是否停擺

● CPU 使用率

● 記憶體使用率

● 磁碟容量

● 網路流量

14.2.1　服務是否停擺

最基本的當然是看服務有沒有在運作, 是否因設備故障、作業系統異常、網路斷線等原因而停擺。不管白天黑夜, 這些都是必須在第一時間就偵測到並儘速解決的。

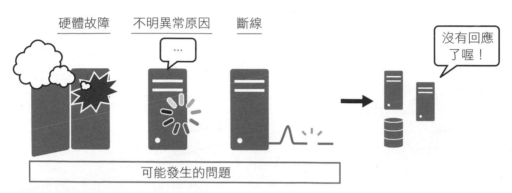

▲ 服務停擺的可能原因

14.2.2　CPU 使用率

CPU 使用率可以看出系統是否執行過多的工作, 若 CPU 一直處在 100%, 就會拖慢系統效率：

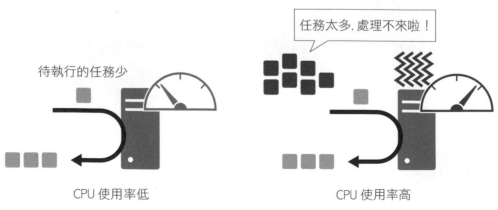

▲ CPU 使用率

14.2.3 記憶體使用率

記憶體利用率可以看出記憶體是否被大量使用, 由於記憶體空間是有限的, 若沒有足夠空間就無法進行多工處理, 造成效率低落:

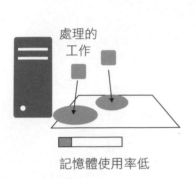
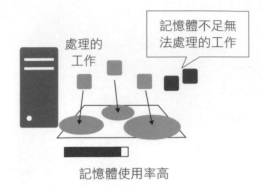

▲ 記憶體使用率

14.2.4 磁碟容量

基本上磁碟儲存的資訊有以下 2 種:

● **不會持續增加的資料**: 如建構服務的程式與 config 設定檔等。

● **會持續增加的資料**: 如運作中產生的資料 (如會員每天的 PO 文) 與監控的 log 檔等。

若磁碟空間不足無法儲存必要資料, 也有可能導致服務異常中斷:

▲ 磁碟容量

14.2.5　網路流量

　　Web 服務是透過網路接收使用者的 request 並傳回結果, 若同時間有大量使用者在使用, 或是某些使用者佔掉過多流量, 就會造成網路壅塞:

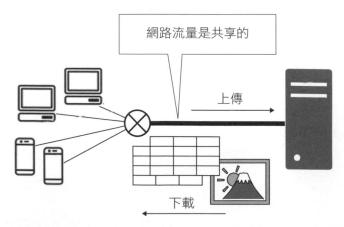

網路流量是共享的

上傳

下載

▲　網路流量

14.2.6　各種資源的建議監控項目

　　我們將前幾章 EC2、RDS 等各種服務的建議監控項目整理如下表:

▼ ○：必須　　△：建議　　—：隨意

	服務是否停擺	CPU使用率	記憶體使用率	磁碟容量	網路流量	其他
EC2	○	○	○	○	○	—
RDS	○	○	○	△	△	SQL 的延遲與輸送量等
ALB	—	—	—	—	○	—
S3	—	—	—	○	○	—

EC2

EC2 上所安裝的 Linux 作業系統與中介軟體都有可能是伺服器當機的原因, 此外 CPU、記憶體與磁碟容量都有上限, 有可能被用盡; 而網路流量方面也會影響壅塞與否, 因此建議全都監控。

RDS

與 EC2 的建議大致相同。此外 RDS 有 2 項要特別監控的項目, 那就是執行 SQL 的延遲 (latency, 執行所需花費的時間) 與輸送量 (throughput, 一定時間內的處理量)。

ALB

ALB (應用程式負載平衡器, Application Load Balancer) 為 AWS 託管的服務, 因此基本上不會有停止運作的問題。但資料流量會直接反映在 AWS 使用費上, 所以還是建議監控網路流量, 以避免流量過大的情形。

S3

S3 也是託管服務, 因此幾乎不會出現無法運作的問題, 不過磁碟使用量與資料流量都會產生費用, 最好還是監控一下。

 NOTE

如何決定監測哪些項目

AWS 提供了許多種類的資源, 每種資源也都有許多監控項目, 這可能會使各位猶豫不知道該建立多少監控項目才好。但其實選擇監控項目時, 只要掌握 1 個重點: **當你所監控項目出現問題時, 這問題能否被解決?** 若沒有解決方法, 即使監控也沒有意義。比如說, 之所以要監控 EC2 的服務是否停擺, 是因為若伺服器當機可以試著重新啟動; 若發現負載平衡器的網路流量過高, 則可以重新檢視應用程式, 以減少流量。

接下頁

總之，雖然建立一大堆監控項目，排滿許多漂亮的圖表，或許會給人一種莫名的安心感，但實際一點吧！排除一些沒有意義的監控項目，避免不必要的干擾是很重要的。

14.3 認識 AWS 的 CloudWatch 監測服務

用於監控的開放原始碼工具很多，但 AWS 提供了名為 CloudWatch 的監控服務，其基本功能都可以免費使用，而且因為是託管服務，不太需要擔心監測功能停擺的問題。

CloudWatch 的主要功能如下表所示：

▼ CloudWatch 的主要功能

功能	說明
蒐集	持續性的資訊蒐集，即時蒐集並記錄與資源相關的日誌
監控	提供集中式管理的功能。以易於理解的圖表呈現收集到的資訊，並將圖表整合於一處以方便查看
動作	主要提供警示訊息的功能。警示可透過 SNS、Email 和 API 呼叫等多種方式，將便於即時確認的資訊告知使用者
分析	針對收集到的日誌，提供以各種切入點進行分析的方法

14.4　利用 CloudWatch 監控各種資源

本節就介紹以 CloudWatch 進行監控的方法吧！

14.4.1　監控的步驟與功能

想利用 CloudWatch 進行監控需執行以下 3 個步驟：

⊙ 步驟 1：建立儀表板

如前所述，儀表板是彙整所有監控資訊的地方。

⊙ 步驟 2：在儀表板上新增小工具 (widget)

可以新增到儀表板的 widget 有監測數值繪製而成的圖形、數值或文字…等, widget 的大小、位置等都可以彈性調整：

整個黑線區塊是儀表板的範圍　　　　各虛線區塊都是 widget

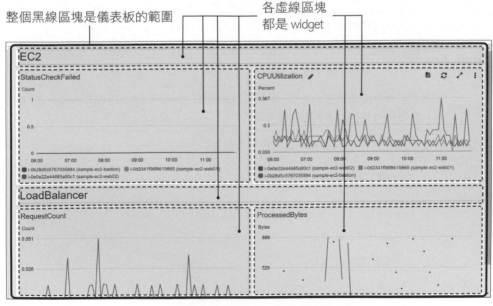

▲ 儀表板與 widget

◎ 步驟 3：建立警示機制

指定要監控的指標 (Metrics)、警示條件、以及如何通知方式等。例如設定 CPU 使用率這項指標「使用率 90% 以上持續 5 分鐘」就發送通知：

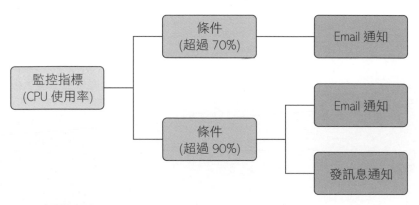

▲ 訂定警示條件

14.4.2 建立儀表板 (dashboard)

以下就來試試 CloudWatch 的監控功能吧！首先建立 1 個空白的儀表板。

從 AWS 主控台左上角的「**服務 (Services)**」選單中點擊「**管理與管控 (Management & Governance)**」→「CloudWatch」，開啟 CloudWatch 控制台。接著點開左側「**儀表板 (Dashboards)**」，並點擊「**建立儀表板 (Create dashboard)**」的按鈕：

▲ 開始建立儀表板

之後要輸入儀表板的名稱, 之後都可以再更改, 本例設為 "sample":

▲ 輸入儀表板的名稱

如此一來就會建立出空白的儀表板, 並跳出新增 widget 小工具的對話方塊, 先按右上角的 ⊠ 將視窗關閉:

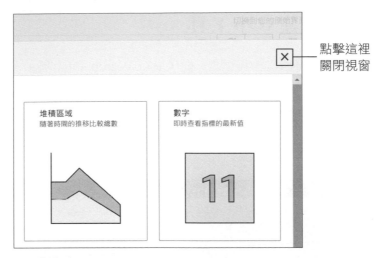

點擊這裡
關閉視窗

▲ 新增小工具的界面

下圖就是一個示空白的儀表板畫面, 主要的操作都是從這裡開始：

▲ 儀表板主畫面

14.4.3 建立小工具

接著示範如何建立小工具。從 CloudWatch 的控制台左側選擇剛才建立 sample 儀表板, 接著點擊畫面上方「**新增小工具 (Add widget)**」按鈕, 可以開啟剛才看到的畫面:

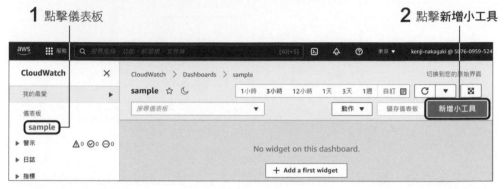

▲ 開始建立小工具

🌀 顯示文字 (標籤)

從最簡單的文字工具開始吧!通常是用它來配置標題區塊, 以區分出不同的區域:

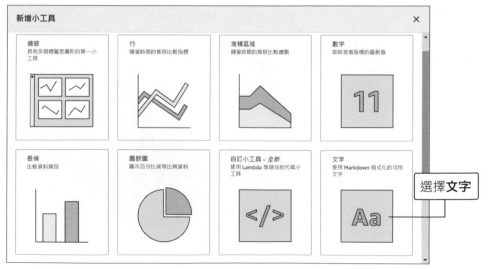

▲ 選擇欲新增的小工具

　　文字小工具可以用 Markdown 語法編寫，要建立標題或插入圖片都可以。本例輸入「# EC2」做為待會 EC2 相關小工具的區塊標題。輸入完畢之後，點擊「**建立小工具 (Create widget)**」的按鈕就可以建立：

> ◆ **編註** # 符號在 Markdown 裡面表示標題，類似 html 的 <h1> 元素。讀者可至 https://markdown.tw 了解相關語法。

▲ 輸入標題

2 點擊**建立小工具**

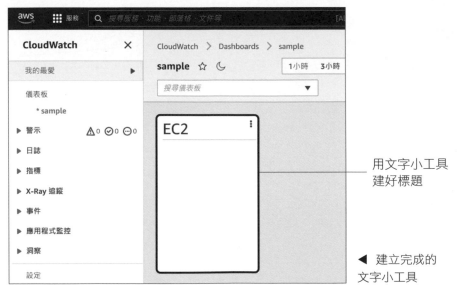

用文字小工具建好標題

◀ 建立完成的文字小工具

在儀表板中顯示 EC2 的 CPU 使用率

接著要建立用來檢視 EC2 CPU 使用率的小工具。請再次點擊「**新增小工具 (Add widget)**」的按鈕, 選擇「**行 (Line)**」, 會出現指定小工具資料來源的對話方塊, 本例選擇「**指標 (Metrics)**」:

選擇**指標**

加入到此儀表板　　　　　　　　　　　　　　　　　　　　　　　　✕

您要從哪個資料來源建立小工具?

指標
根據指標建立小工具, 並在下一步設定您的小工具。

日誌
根據 CloudWatch Logs Insights 的查詢結果建立小工具。

▲ 選擇小工具的資料來源

設定小工具的標題

接下來會出現「**新增指標圖形 (Add metric graph)**」的畫面。首先設定標題, 點擊畫面上方「**無標題圖形 (Untitled graph)**」右側的編輯圖示:

點擊編輯圖示

▲ 編輯小工具標題

出現輸入標題的對話方塊後，輸入「CPU 使用率」：

▲ 輸入標題

新增指標

下一步是選擇指標的資料來源。首先從畫面下方依序點擊「**EC2**」→「**每個執行個體指標 (Per-Instance Metrics)**」。接著找出「CPU Utilization」這個 Metric name，勾選指標旁的多選鈕。

 NOTE

請注意，1 個小工具可以選擇多個指標來源，所以如果有多個網頁伺服器，可以將多個網頁伺服器的指標都建立在 1 個小工具中，檢視起來會更方便。

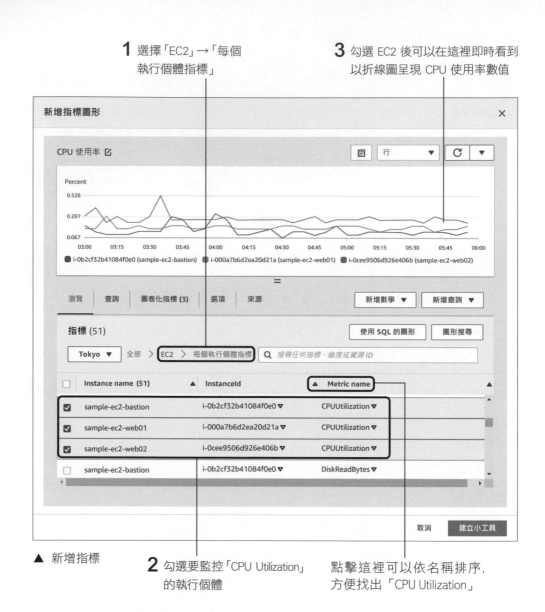

1 選擇「EC2」→「每個執行個體指標」

3 勾選 EC2 後可以在這裡即時看到以折線圖呈現 CPU 使用率數值

▲ 新增指標

2 勾選要監控「CPU Utilization」的執行個體

點擊這裡可以依名稱排序，方便找出「CPU Utilization」

設定圖形選項

接下來切換到「**選項 (Options)**」頁次來自訂圖形的外觀：

1 選擇**選項**

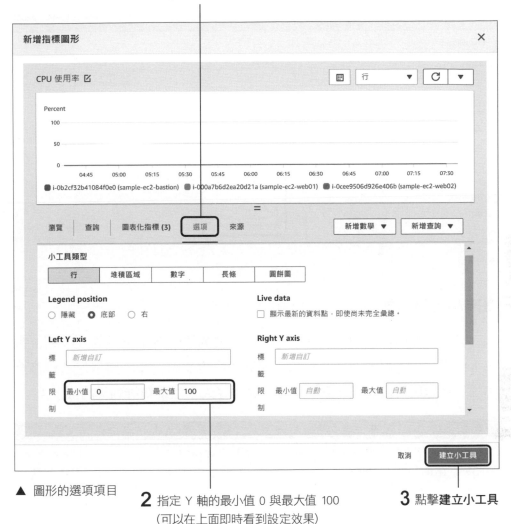

▲ 圖形的選項項目

2 指定 Y 軸的最小值 0 與最大值 100
（可以在上面即時看到設定效果）

3 點擊**建立小工具**

> **NOTE**
>
> 上圖中變更的是折線圖上 Y 軸的設定, 因為初始值會從取得的資訊中, 取出最小值與最大值作為 Y 軸的範圍, 這種設定讓人很難看出平時的值有多低, 因此我們將 Y 軸上的最小值固定為「0」, 最大值固定為「100」, 以 0% ~100% 呈現。

如此一來, 檢視網頁伺服器 CPU 使用率的小工具就建立完成了:

▲ 建立完成的小工具

微調小工具的佈局

不過目前的佈局還沒有很理想, 我們來調整一下小工具的大小和位置吧! 將滑鼠游標移至小工具的右下角即可拖曳調整大小; 將滑鼠游標移至小工具標題則可拖曳來移動。下圖是調整好大小並重新排列後的樣子:

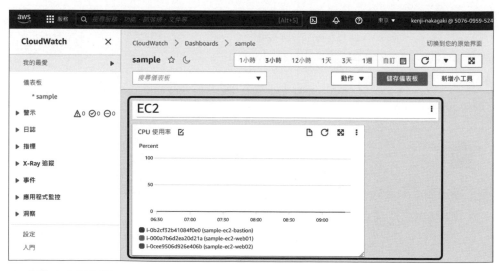

▲ 調整大小與位置

14.4.4 建立警示機制

最後要建立警示機制。請在 CloudWatch 的儀表板中點擊「**警示 (Alarms)**」→「**所有警示 (All alarms)**」，在畫面中點擊「**建立警報 (Create alarm)**」：

▲ 開始建立警示內容

接著設定觸發警示的條件。點擊「**選擇指標 (Select metric)**」的按鈕：

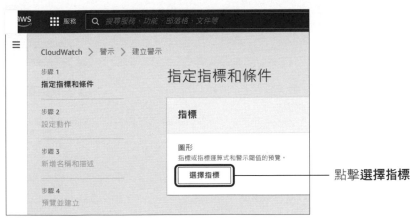

▲ 指定指標和條件

選擇要監控的指標

首先新增要監控的指標對象, 這裡不是要建立圖表, 因此不需要設定標題。選擇好要監控的伺服器後, 點擊「**選擇指標 (Select metric)**」:

1 選擇「EC2」→「每個執行個體指標」

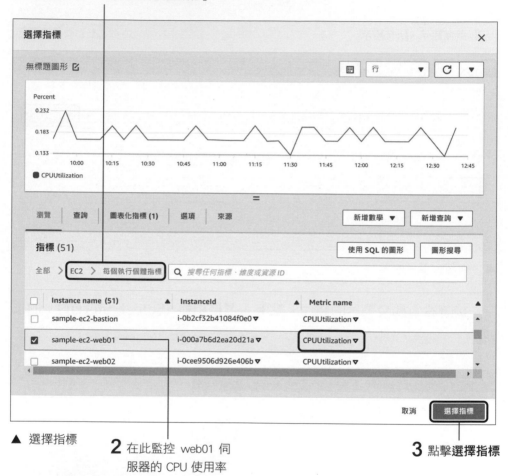

▲ 選擇指標

2 在此監控 web01 伺服器的 CPU 使用率

3 點擊**選擇指標**

建立警示條件

接著設定什麼條件下發出警示訊息。

　　「**閾值類型 (Threshold type)**」有「**靜態 (Static)**」和「**異常偵測 (Anomaly detection)**」兩種。「**靜態**」是指定要高於特定值還是低於特定值, 而「**異常偵測**」則可指定要在特定範圍內或外。由於 CPU 使用率要確認的是「是否高於或低於某個值」, 因此選擇「**靜態**」。

　　底下就設定「 CPU 使用率高於 70% 」的條件, 設定完成後點擊「**下一步**」:

▲ 新增條件

設定通知方式

最後來設定如何發出通知。

在「**警示狀態觸發 (Alarm state trigger)**」欄位中，我們使用「**警示中 (In alarm)**」，表示監測「正常→異常」的情況，如果您想要恢復正常時也發出通知，則可選擇「**好 (OK)**」，另外一種「**資料不足 (Insufficient data)**」 則是在無法取得資訊的時候使用。不過我們將這種情況也歸類在「警示中」狀態，因此本例先建立「警示中」就好。

接著在「**選擇一個 SNS 主題 (Select an SNS topic)**」中選擇通知用的 SNS (註：SNS 是AWS 的訊息發送系統)，在此選擇「**建立新主題 (Create new topic)**」，並指定一個 Email地址，完成後就可以點擊「**建立主題 (Create topic)**」，最後點擊「**下一步**」：

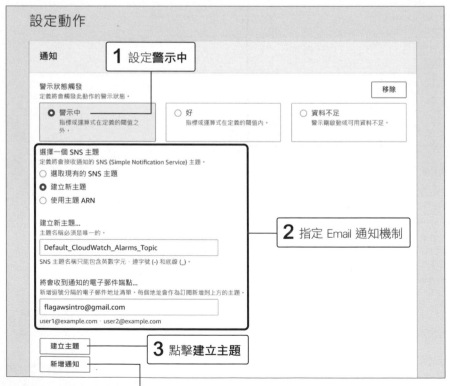

▲ 建立通知　　　　　　若想要設定多個通知, 可以點擊這裡

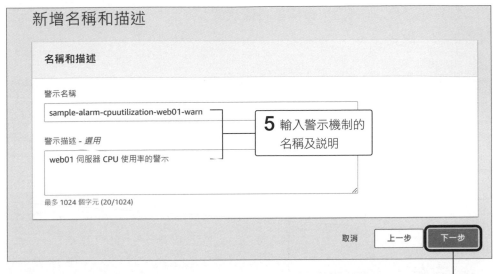

▲ 新增名稱和描述

6 點擊下一步

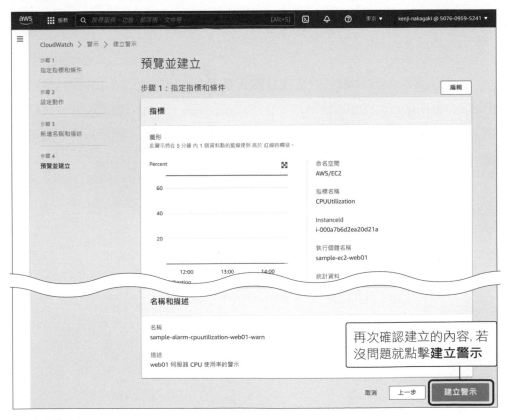

▲ 預覽內容

建立好之後, 左側選單會綜整各種狀態 (警示中、好、資料不足) 滿足條件的警示數量:

▲ 建立完成的警示

這裡會綜整資訊

此外, 畫面上方會顯示「**某些訂閱正在等待確認** (Some subscriptions are pending confirmation)」, 因為先前設定 Email 後會寄生一封確認信到該信箱做確認, 請去收信並點擊信中連結確認即可。如此一來, 就可以隨時在儀表板監控 AWS 的資源了!

第 **15** 章

檢視 AWS
每月使用費

AWS 的使用費是依各服務的使用量來定的, 每個月會結算一次, 因此正式投入 AWS 之前, 最好能夠大致預估每月或總共需要花多少錢, 而開始使用後, 要經常檢查費用是否仍在預算範圍內, 有時候可能需要進一步檢視費用明細來降低使用費。本章就針對這些事關荷包、預算的功能進行介紹。

15.1 費用規劃

　　作者針對費用提出的二階段概念是: 在每個月初針對收費單位制訂出當月預算, 之後再以「PDCA」的方式評估實際花費, 並針對使用過度的情形進行改善:

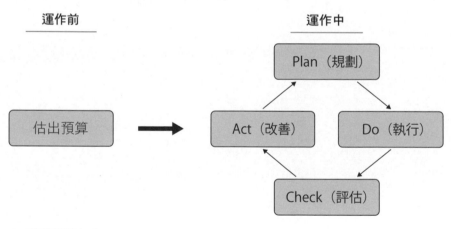

▲ 費用規劃方式

15.1.1 估算費用

　　估算費用時不用做到每個細節都非常準確, 只要大致掌握約略金額即可。AWS 中必須支付費用的服務, 包含以下幾種:

- **CPU 與記憶體相關**：如 EC2 執行個體與負載平衡器等。

- **儲存服務相關**：如磁碟與 S3 等。

- **網路相關**：如閘道與負載平衡器等。

- **其他**：如彈性 IP 與 DNS 等。

　　各服務都有設定單價, 15.2 節會利用 AWS 的 **Billing and Cost Management** 服務來示範如何估算一個月的金額。

> **NOTE**
>
> 實務上進行預估時, 通常很難預測時間及使用量, 萬一推出的服務一推出便十分火熱 (編：這是好事), AWS 服務的使用量可能就暴增好幾倍。儘管如此還是得大致估一下, 而且採用雲端服務的好處就是能在必要時立即增加或減少資源, 我們可以在發佈時, 先從較小的用量開始, 之後再逐步擴大。

15.1.2　PDCA 的做法

　　AWS 服務開始運作後, 會以月為單位來收費, 因此月初就先規劃 (Plan) 本月的費用, 做法是先列出要使用的資源, 再將使用量乘以單價, 加總出總金額。制定好預算後就開始執行 (Do), 執行過程中, 每天監控實際的使用費用, 確保實際情形與預算不會出現太大落差。接近月底時, 再評估 (Check) 使用的情況, 確認有沒有不足或過剩。最後一步, 則是針對不足或過剩之處進行改善 (Act)。

　　這一套 PDCA 概念除了預算之外, 也可以應用在第 14 章取得的監控資訊上。例如, 若 EC2 執行個體的 CPU 使用率一直都維持低檔, 就可考慮減少 EC2 執行個體的數量或降低 RDS 執行個體的規格。

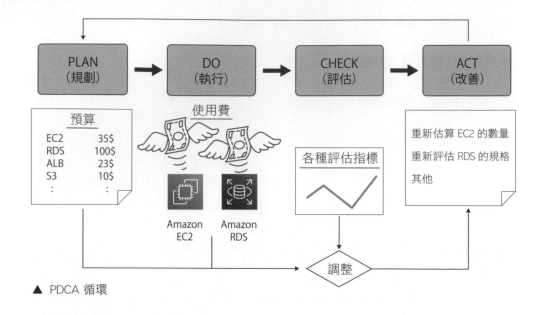

▲ PDCA 循環

利用 Billing and Cost Management 估算費用

針對費用規劃的 PDCA 流程，AWS 提供了 Billing and Cost Management 的服務, 其中包含 **AWS 定價計算工具**、**AWS Budgets**、**Cost Explorer** 等工具可在 PDCA 各階段使用, 一起來看看如何使用吧！

▼ Billing and Cost Managenment

PDCA 各階段	可使用的功能	
預算的規劃 (Plan)	AWS 定價計算工具、Amazon Budget	15.2 節
檢閱月中費用 (Do)	Cost Explorer、提醒功能	15.3 節
判斷 (Check 階段)	AWS 帳單、CloudWatch (已在第 14 章說明)	15.4 節
改善 (Act階段)	無	15.5 節

15.2.1　用定價計算工具來推估費用

定價計算 (Pricing calculator) 工具是由 AWS 所提供的免費服務，任何人只要連到 https://calculator.aws，不用建立或登入 AWS 帳戶就可以用它來估算費用。

使用方式

連到 https://calculator.aws 網頁後，先點擊「**建立預估 (Create estimate)**」的按鈕：

1 若未顯示繁體中文，可於此處選擇「**中文 (繁體)**」

▲ AWS 定價計算工具

2 點擊**建立預估**

3 以搜尋的方式來尋找要新增的服務 (如 "vpc")

4 找到後點擊設定

▲ 選取服務

　　要設定的內容取決於服務的種類, 例如 EC2 要設定的會與規格有關, 而 VPC 要設定的則與資料流量有關。輸入完必要的資訊後, 點擊「**新增至我的預估 (Add to my estimate)**」按鈕:

這些細節下一小節會提供設定範例

點擊**新增至我的預估**

▲ 設定服務

如此一來, 新增的服務費用就會被加進合計金額當中, 若需要, 可以繼續點擊「**新增服務 (Add service)**」按鈕新增其他服務。新增完所有的內容之後, 點擊「**共享 (Share)**」按鈕：

▲ 彙整的畫面

點擊共享後會產生一個公開連結, 任何人都可以透過該連結看到剛才建立好估算內容。此外, 點擊上圖的「**匯出預估值 (Export estimate)**」還可將預估資訊匯出成 CSV 檔 (或 PDF 檔) 看後續想要如何運用。

◉ 費用預估範例

以下是針對本書所介紹的一系列雲端設施所做的費用估算, 其中使用者的連線數量是假設 10,000 人左右, 區域 (region) 則設定為 ap-northeast-1 (東京), 用 AWS 定價工具算出來每月為 308 美元左右, 約略為台幣 9,000 元, 明細如下：

▼ 預估結果參考
URL https://tinyurl.com/y365qmww

▼ 預估範例

服務	詳細資訊	月費	備註
NAT 閘道	x 2	$ 91.76	
EC2 執行個體	t3a.micro x 1	$ 12.51	堡壘伺服器
	t3a.small x 2	$ 59.77	網頁伺服器
ALB (Application Load Balancer)	x 1	$ 23.58	
RDS	db.t3.small x 2	$ 103.52	因使用異地同步備份而需要 2 台
S3	100 GB / 月	$ 6.39	
Route 53	託管區域 x 1	$ 0.90	
CloudWatch		$ 10.00	
合計		$ 308.43	

不過，AWS 通常都會推出免費方案，而預估工具並不會將免費方案考慮在內，但像本書這種規模的雲端服務中，免費方案都會占有一定的比例，因此總金額可能還會再低些。

另外，由於規模較小，因此像 NAT 閘道這種無論規模大小都非得用到的資源，占比就會較大。但基本上，像 EC2 和 RDS 這種真正發揮服務核心作用的資源，比例會比較高才正常。

15.2.2 用 Amazon Budgets 建立完整的預算計劃

完善的預算規劃不單只是設定金額就好，當花費有可能超出預算時，最好能夠發出提醒，例如使用者數量暴增、或服務被盜用而讓費用飆升時，才能立刻掌握情況。本節就利用 Amazon 的 Budgets 服務來建立完善的機制。

NOTE

由於 IAM 使用者的權限無法操作本小節的內容，因此請參考第 2 章以 root 使用者的身分登入，再進行本節的說明。

完整預算規劃的建立流程

請從 AWS 主控台畫面左上角的「**服務 (Services)**」選單中點擊「**AWS 成本管理 (AWS Cost Management)**」→「**AWS Budgets**」，開啟 AWS Budgets 的儀表板。接著點開左側「Budgets (預算)」的畫面，並點擊「**建立預算 (Create a budget)**」的按鈕：

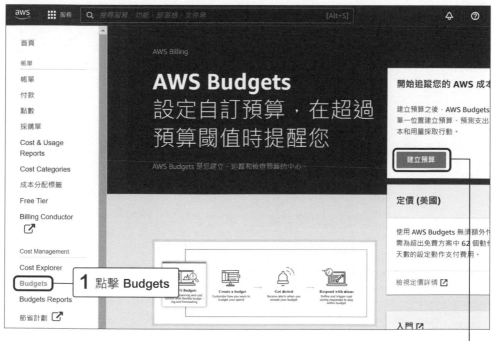

▲ 開始建立預算

⬡ 選擇預算類型

第 1 步是選擇欲建立的預算類型, 可分為以下幾種:

● **成本預算** (Cost budget):以金額監控的預算。

● **用量預算** (Usage budget):以用量監控的預算。

● **預留預算** (Reservation budget):有關長期合約折扣的預算。

● **Savings Plans 預算**:有關節省計畫的預算。

在這些預算類型中, 與金錢最有直接關係的就是**成本預算**了。以下將說明其建立方式, 請選擇「**成本預算 (Cost budget)**」, 並點擊「**下一步**」的按鈕:

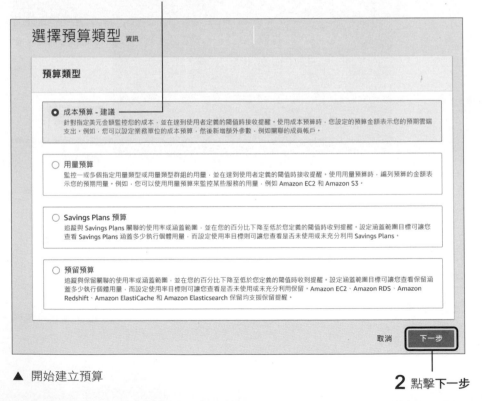

▲ 開始建立預算

⊚ 設定預算

第 2 步是設定預算的詳細資訊，設定項目如下表所示：

▼ 預算設定項目

項目	內容
名稱 (Budget name)	為預算所取的名稱。建立多個預算時, 可方便辨識
週期 (Period)	預算的單位。可選擇每月、每季或每年
Budget renewal type (預算續約類型)	本次預算的續約方式。可定期續約或在指定月份結束時停止續約
預算金額 (budgeted amount)	設定指定週期內的金額上限。可設定為一定金額 (Fixed) 、不同金額 (Planned) , 或根據支出模式自動調整 (Auto-adjusting)

　　最後的「預算金額」通常都是輸入服務需使用的所有資源的總和 (如前面用 AWS 定價計算工具算出來的), 除了總和外, 您也可以利用下圖最下方的「Budget scope」篩選資源, 針對特定服務單獨建立預算：

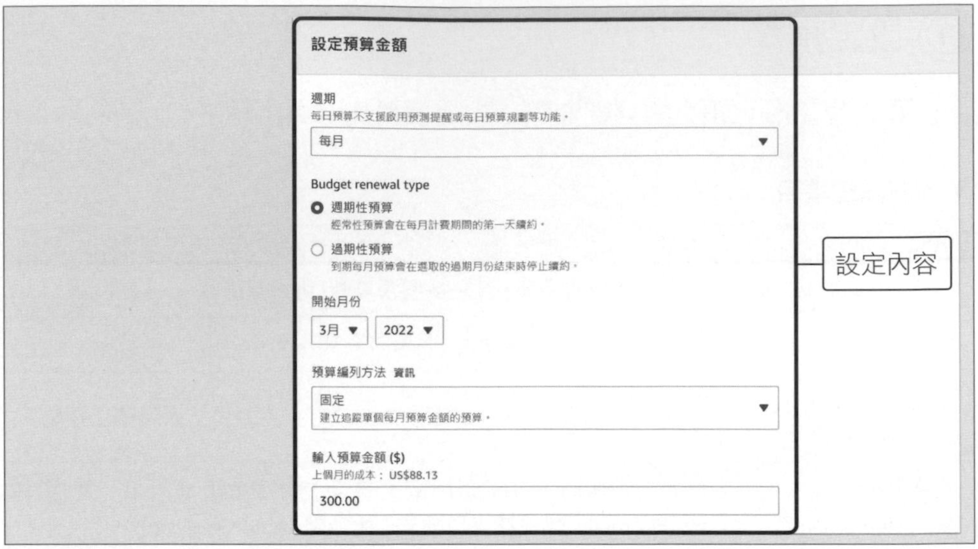

設定預算金額

週期
每日預算不支援啟用預測提醒或每日預算規劃等功能。

每月 ▼

Budget renewal type
● 週期性預算
經常性預算會在每月計費期間的第一天續約。
○ 過期性預算
到期每月預算會在選取的過期月份結束時停止續約。

開始月份
3月 ▼   2022 ▼

預算編列方法 資訊
固定
建立追蹤單個每月預算金額的預算。   ▼

輸入預算金額 ($)
上個月的成本：US$88.13
300.00

設定內容

▲ 設定預算

　　設定完預算的詳細資訊之後, 在上圖的畫面點擊「**下一步 (Next)**」, 並在出現的畫面點擊「**新增提醒閾值 (Add an alert threshold)**」。

⊚ 設定提醒

　　第 3 步是設定提醒。「提醒」功能會比較每日實際支出與預算, 並在「實際」超出預算, 或「預測」將超出預算時發出通知。雖然不設定也可以, 但為了避免出現意料之外的支出, 建議還是設一下比較好：

▲ 設定提醒閾值

2 完成後點擊**下一步**

上圖各項目的設定如下表所示：

▼ 提醒的設定項目

項目	內容
❶ 觸發條件 (Trigger)	選擇要根據實際成本 (Actual) 還是預測成本 (Forecasted)
❷ 閾值 (Threshold)	觸發提醒之閾值 (閾值為劃分正常狀態與異常狀態之臨界值)
❸ 電子郵件收件人 (Email recipients)	聯絡人。指定接收提醒之電子郵件地址
❹ Amazon SNS 提醒 (Amazon SNS Alerts)	輸入 Amazon SNS 主題的 ARN (SNS 為 AWS 提供的通知服務)。可利用 SNS 發送手機簡訊或呼叫其他服務的 API

NOTE

提醒一下, 一個預算可以建立多個提醒, 例如:

- **提醒 1**: 當**預測**成本可能會超過預算的 100% 時。

- **提醒 2**: 當**實際**成本已超過預算的 90% 時。

🌐 附加動作

接下來第 4 步是附加動作。本例不新增預算動作, 請直接點擊「**下一步**」:

▲ 附加動作的畫面

檢閱預算

最後檢視一下前面所輸入的內容，沒問題的話即可點擊「**建立預算 (Create budget)**」按鈕：

▲ 檢閱預算

點擊 **建立預算**

▲ 預算計劃建立完成

如此一來, 預算就建立完成了

15.3 用 Cost Explorer 檢視 每日費用 (Do 階段)

AWS 的各種資源佈建完成之後, 便會開始以日或小時為單位產生費用。我們可以利用 AWS 的成本管理功能:Cost Explorer 來查看資源執行的情形。

15.3.1 使用 Cost Explorer (範例一)

首先, 從 AWS 主控台畫面左上角的「**服務 (Services)**」選單中點擊「**AWS 成本管理 (AWS Cost Management)**」→「**AWS Budgets**」, 開啟 AWS Budgets 的儀表板, 接著點擊左側選單的「**Cost Explorer**」開啟主畫面。

此時若點擊下圖的「**啟動 Cost Explorer**」的黃色按鈕, 將會開啟預設的 Cost Explorer。但點擊畫面下的 3 個選項則可啟動較易瀏覽的 Cost Explorer, 因此以下說明採取此做法。請點擊「**按服務的每月花費檢視 (Monthly spend by service view)**」:

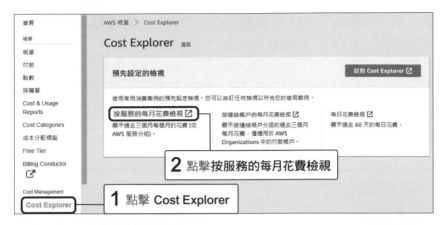

▲ Cost Explorer 的檢視畫面

Cost Explorer 會分析過去 6 個月內各種資源的成本, 並以長條圖呈現:

◀ 按服務的
每月花費檢視

這份報告可以變換許多不同的檢視方式。例如，上圖的圖表雖然很容易看出哪種資源的成本最高，但很難看出總成本是多少。

不過只要將所有資源的費用相加，總金額就能變得一目瞭然。請從圖表右上角的下拉式選單中，將圖表類型更改為「**堆疊 (Stack)**」。變更後，圖表上就會同時顯示各月成本總額與明細了：

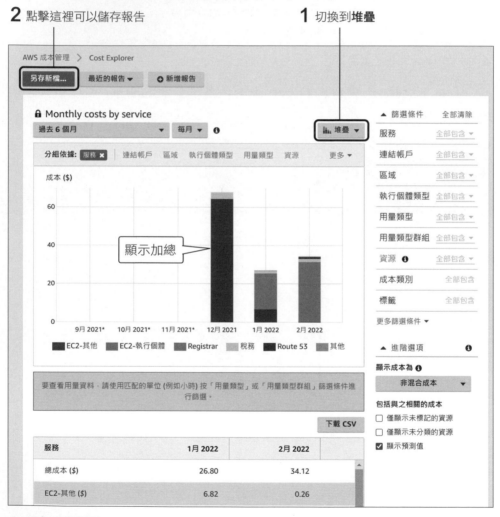

▲ 變更成堆疊圖

15.3.2　使用 Cost Explorer (範例二)

我們還可以利用不同觀點建立圖表, 例如只看某種資源 (如 EC2) 的成本, 或根據環境類型 (生產和開發) 劃分的成本等。以下就來試試將資源範圍限縮於 EC2 執行個體、負載平衡器及其他 EC2 相關的資源 (如彈性 IP) 吧！

請點擊畫面右側「**篩選條件 (FILTERS)**」中的「**服務 (Service)**」, 之後會出現各項服務列表。輸入關鍵字「ec2」, 選取所有 EC2 相關的資源。選取完畢後, 點擊「**套用篩選條件 (Apply filters)**」的按鈕：

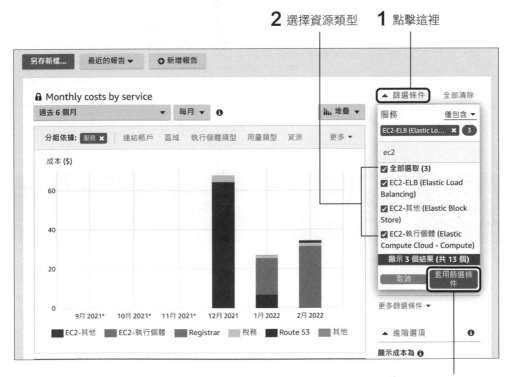

▲ 使用篩選條件

如此一來, 和 EC2 有關的成本報告就完成了：

以後透過**報告 (Reports)**
連結就可以查看

點擊**另存新檔**可以
將報告存在網站上

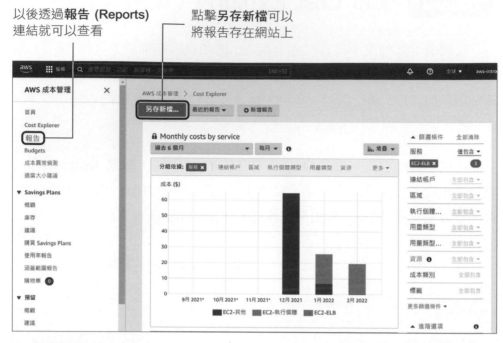

▲ 套用篩選條件後的報告

15.4　檢視帳單（Check 階段）

　　AWS 每個月都會寄送該月帳單, 帳單除了會以 PDF 形式寄到帳戶註冊
的 Email 地址外, 還可以從 AWS 主控台檢視, 我們可以透過查看帳單來評
估 (Check) 費用使用的情況。

　　從 AWS Budgets 儀表板的左側選單中點擊「**帳單 (Bills)**」即可查看
帳單, 會列出各種費用明細。此外, 也可以查看過去的帳單:

1 點擊**帳單**　**2** 切換這裡可以查看過去的帳單

3 各項花費明細

▲ 檢視帳單

SAVING MONEY

省錢大作戰！小編幫你精算 AWS 費用

在本書附錄 A 當中, 小編提供了編輯本書過程中各月的帳單明細, 當中花費較多的是 EC2、ElastiCache、NAT 閘道等, 詳情可參考附錄 A 的內容。

15.5 改善預算 (Action 階段)

在職場上, 通常可以根據帳單上的金額與第 14 章說明的指標及相關資訊, 評估是否需增減資源, 並調整下個月的預算。

若帳單金額超出預算，請先確認是哪些服務超過預算。假設經營線上購物網站，且差額是因本月舉辦了折扣活動，只是暫時現象，預算無需更改。但若差額是來自於使用者數量的增加等，即使過了這個月應該仍會持續增加，則應考慮增設伺服器，這就得提高預算。經過以上流程後，預算的 PDCA 循環就完成了。

15.6  總結

　　讀到這裡，讀者們應該已經能掌握建置 AWS 雲端架構的基礎知識，本書主要的焦點是擺在商務及企業應用程式雲端設施的建置，未提及其他架構所使用的服務 (如 AWS Lambda 及 Amazon DynamoDB 等)，但也推薦各位日後逐步嘗試這些服務。使用時，一樣先在腦海中勾勒出雲端設施的整體架構，再思考適合使用的服務。AWS 文件中的解決方案與架構的最佳實務 (https://aws.amazon.com/tw/solutions) 上頭有許多可以參考的資料。AWS 是職場上愈來愈重視的技能，請將本書做為起點，一起往前邁進吧！

附錄 A

資源的刪除方法

以下介紹如何刪除本書介紹的需付費資源。

⊚ NAT 閘道 ｜編註：佔費用比例高｜

❶ 開啟 VPC 的儀表板表。

❷ 點擊畫面左側選單的「**NAT 網關 (NAT gateways)**」，開啟 NAT 閘道的列表。

❸ 選擇欲刪除的 NAT 閘道表。

❹ 點擊「**動作 (Actions)**」選單中的「**刪除 NAT 閘道 (Delete NAT gateway)**」。

★ **編註** 在本書學習途中, 為了節省費用, 您可以不定時將 NAT 匣道刪除, 有需要時 (內文有適當提示) 再重新建立。而重新建立 NAT 匣道後, 記得要一併編輯 4.5 節的路由表, 指定到新的 NAT 匣道, 這樣對外的網路才能連通。

⊚ 彈性 IP ｜編註：佔費用比例高｜

❶ 開啟 EC2 的儀表板。

❷ 點擊畫面左側選單的「**彈性 IP (Elastic IPs)**」，開啟彈性 IP 的列表。

❸ 選擇欲刪除的彈性 IP。

❹ 點擊「**動作 (Actions)**」選單中的「**公佈彈性 IP 地址 (Release Elastic IP addresses)**」。

★ **編註** Release Elastic IP addresses 應譯為「**釋出彈性 IP 地址**」較為適切。

EC2　編註：佔費用比例高

❶ 開啟 EC2 的儀表板。

❷ 點擊畫面左側選單的「**執行個體 (Instances)**」，開啟執行個體的列表。

❸ 選擇欲刪除的 EC2 執行個體

❹ 點擊「**執行個體狀態 (Instance state)**」選單中的「**終止執行個體 (Terminate instance)**」。

Application Load Balancer

❶ 開啟 EC2 的儀表板。

❷ 點擊畫面左側選單的「**負載平衡器 (Load Balancers)**」，開啟負載平衡器的列表。

❸ 選擇欲刪除的負載平衡器。

❹ 點擊「**操作 (Actions)**」選單中的「**刪除 (Delete)**」。

RDS

❶ 開啟 RDS 的儀表板。

❷ 點擊畫面左側選單的「**資料庫 (Databases)**」，開啟資料庫的列表。

❸ 選擇欲刪除的資料庫。

❹ 點擊「**動作 (Actions)**」選單中的「**刪除 (Delete)**」。

⬡ ElastiCache 　編註：佔費用比例高

❶ 開啟 ElastiCache 的儀表板。

❷ 點擊畫面左側選單的「**Redis**」，開啟 Redis 之列表。

❸ 選擇欲刪除的 Redis。

❹ 點擊「**操作 (Actions)**」選單中的「**刪除 (Delete)**」。

⬡ S3

❶ 開啟 S3 的儀表板。

❷ 點擊畫面左側選單的「**儲存貯體**」，開啟 S3 儲存貯體的列表。

❸ 選擇欲刪除的儲存貯體。

❹ 點擊上面選單中的「**刪除 (Delete)**」。

　　附帶一提，相較於直接刪除 S3 儲存貯體，作者比較建議刪除其中儲存的所有物件。因為直接刪除整個 S3 儲存貯體，有可能導致之後無法再建立出同名的 S3 儲存貯體 (您刪除了之後，其他人就可以取此名稱)。詳情請參考 AWS 文件。

URL https://docs.aws.amazon.com/zh_tw/AmazonS3/latest/userguide/
delete-bucket.html

SAVING MONEY

$ 省錢大作戰！小編幫你精算 AWS 費用

針對前述的這些 AWS 付費資源，小編在本書編輯過程中無時不將「刪除資源 = 省錢」一事記在心裡，以下提供儘可能撙節開支的逐月帳單明細供您參考：

接下頁

付費項目	金額 (美元)	補充說明
12月：$ 11.78		
EC2 - NAT 匣道	$ 10.79	
EC2 - 彈性 IP	$ 0.43	
稅金	$ 0.56	
1月：$ 14.05		
EC2 - NAT 匣道	$ 6.51	
EC2 - Linux	$ 7.27	超過每月 750 Hrs 免費額度
EC2 - 彈性 IP	$ 0.27	
2月：$ 15.42		
EC2 - Linux	$ 15.42	超過每月 750 Hrs 免費額度
EC2 - NAT 匣道	$ 0	暫且刪除, 之月各月皆是如此
EC2 - 彈性 IP	$ 0	暫且刪除, 之月各月皆是如此
3月：$ 0.26		
EC2 - Linux	$ 0	因不需要時停用, 還在每月 750 Hrs 免費額度內
EC2 - NAT 匣道	$ 0.26	需要時開啟, 隨後刪除
4月：$ 40.53		
EC2 - NAT 匣道	$ 2.17	需要時開啟, 隨後刪除
EC2 - Linux	$ 8.30	超過每月 750 Hrs 免費額度
EC2 - 彈性 IP	$ 0.06	需要時開啟, 隨後刪除
ElastiCache	$ 17	
申請網域名稱	$ 12	必要支出 ($ 12 / 1 年)
Route 53	$ 11	

最後提醒讀者, 在本書學習過程中, 別忘了隨時「盯緊」AWS 畫面右上角的「帳單儀表板」查看當下的費用支出, 基本上進入最後一章的操作前, 小編會去頻繁「刪除 → 重建」的就只有 NAT 匣道以及彈性 IP。而針對一些「牽一髮動全身」的服務, 為了省事起見就沒有一再耗時重建了。無論如何, 依照以上花費, 應該足以將本書介紹的各種功能紮實的操作過一遍了, 以上經驗供您參考。

MEMO

附錄 B

以文字指令建置
各種資源 – 使用
CloudFormation 服務

本書一律都是以手動方式操作 AWS 主控台來佈建資源，雖然對初學者來說十分友善，不過您應該也感受到了，AWS 介面的選項實在超級多，設定起來有點耗時，萬一當中某一個設定不小心設錯了，服務就可能 run 不起來，事後想要找出 bug，也經常不知從何下手。

其實各種 AWS 資源也可以利用撰寫好的文字指令來佈建，這是一種 IaC 的概念 (Infrastructure as Code，基礎設施即程式)，只要先撰寫好範本檔案 (template file)，在裡頭以語法描述好想如何建置雲端設施，執行該範本檔後就可以自動佈建好資源：

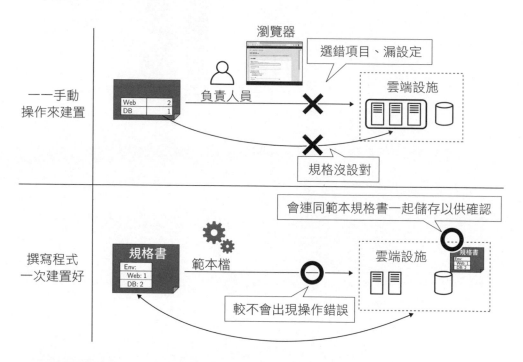

▲ 基礎設施即代碼

用範本檔的方式比較不會出現手動操作錯誤，而且範本檔的內容 (即各資源的規格、名稱等)，也可以一併佈建至雲端設施管理，方便隨時確認內容。

AWS 上的 Iac 做法

針對 Iac 的概念, AWS 提供了以下工具服務:

AWS CLI (AWS 命令列界面) 工具

安裝好此工具後, 就可以在 Powershell 以用文字指令來操作, 其功能等同於操作 AWS 主控台的功能。

AWS CloudFormation 服務

CloudFormation 是一種 AWS 服務, 只要先將 AWS 資源的相關設定以 YAML 格式建立成 *.yaml 範本檔 , 便可透過 CloudFormation 進行各種資源的佈建或修改。

安裝 AWS CLI

我們先將 AWS CLI 工具安裝起來吧！安裝方式會因作業系統而異, 可以參考以下的 AWS 文件:

▼ 安裝或更新至 AWS CLI 的最新版本

URL https://docs.aws.amazon.com/zh_tw/cli/latest/userguide/
getting-started-install.html

本書是在 Windows 系統上安裝 AWS CLI, 需進行的步驟如下:

❶ 在上述網址中下載「AWSCLIV2.msi」安裝檔, 並自行安裝完畢。

❷ 在 Powershell 執行以下指令, 若可順利執行表示 AWS CLI 已安裝完成:

執行 "aws - version" 指令　　若顯示這行即完成安裝

```
PS C:\Users\prost> aws --version
aws-cli/2.4.24 Python/3.8.8 Windows/10 exe/AMD64 prompt/off
PS C:\Users\prost>
```

❸ 設定憑證資訊與工作區域 (region)，這樣才有權限在 Powershell 操作 AWS。首先我們要透過 IAM 儀表板為負責操作的使用者產生 Access Key 以及 Secret Access Key：

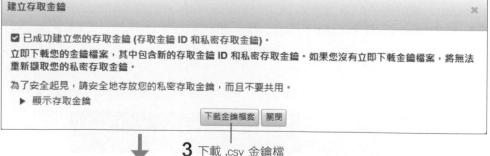

1 開啟 IAM 儀表板後，點擊這個連結

IAM 儀表板

安全建議 **1**

⚠ 為根使用者新增 MFA
以根使用者身分登入 (或聯絡您的管理員) 並為根使用者註冊多重要素驗證 (MFA) 裝置，以提升此帳戶的安全性。

　　　新增 MFA

✓ 根使用者沒有作用中的存取金鑰
使用與 IAM 使用者連接的存取金鑰 (而不是根使用者的存取金鑰) 有助於提升安全性。

IAM 資源

使用者群組	使用者	角色	政策	身分供應商
1	3	7	0	0

AWS 帳戶

帳戶 ID
🗐 354278565342

帳戶別名
354278565342 建立

此帳戶中 IAM 使用者的登入 URL
🗐 https://354278565342.signin.aws.amazon.com/console

快速連結 ☑

我的安全身份碼
管理您的存取金鑰、多重要素驗證和其他憑證。

Identity and Access Management (IAM)

儀表板

▼ 存取管理
　個使用者群組
　使用者
　角色
　政策
　身份供應商
　帳戶設定

▼ 存取報告
　存取分析器
　　存檔規則
　　分析器

您的安全登入資料

使用此頁面來管理 AWS 帳戶的登入資料。若要管理 AWS Identity and

若要進一步了解 AWS 登入資料的類型及其使用方式，請參閱 AWS —

▲ 密碼

▲ 多重驗證 (MFA)

▼ 存取金鑰 (存取金鑰 ID 和私密存取金鑰)

使用存取金鑰，從 AWS CLI、適用於 PowerShell 的工具、AWS 軟以有兩種存取金鑰 (作用中或非作用中)。

為了安全起見，您絕不應與任何人共用您的私密金鑰。我們建議的只能在建立期間檢視或下載私密金鑰。如果您誤置現有的私密金鑰

已建立	存取金鑰 ID	上次使用

　建立新的存取金鑰　　**2** 點擊這裡建立金鑰

建立存取金鑰　　　　　　　　　　　　　　　　　　　　✕

☑ 已成功建立您的存取金鑰 (存取金鑰 ID 和私密存取金鑰)。
立即下載您的金鑰檔案，其中包含新的存取金鑰 ID 和私密存取金鑰。如果您沒有立即下載金鑰檔案，將無法重新擷取您的私密存取金鑰。

為了安全起見，請安全地存放您的私密存取金鑰，而且不要共用。

▶ 顯示存取金鑰

　　下載金鑰檔案　　關閉

3 下載 .csv 金鑰檔

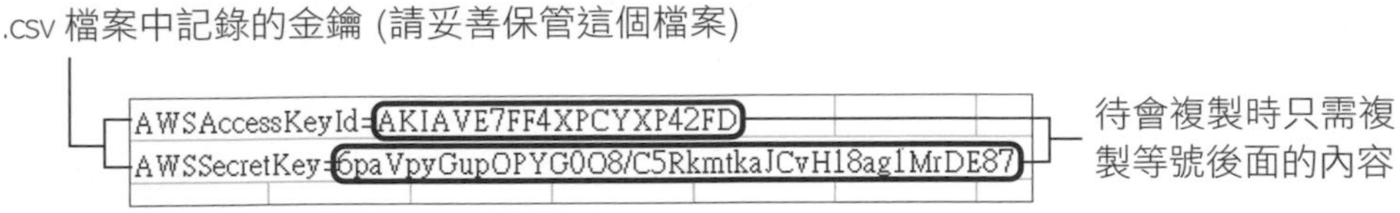

.csv 檔案中記錄的金鑰 (請妥善保管這個檔案)

```
AWSAccessKeyId=AKIAVE7FF4XPCYXP42FD
AWSSecretKey=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
```

待會複製時只需複
製等號後面的內容

　　之後依下圖以 **"aws configure"** 指令逐一設定 AWS CLI 的憑證 ID、密碼、區域名稱 (ap-northeast-1)、範本檔格式 (yaml)：

```
S C:\Users\prost> aws configure
WS Access Key ID [****************H424]: AKIAXML7DXVUVYDUH424
WS Secret Access Key [****************qzbQ]: 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
efault region name [ ]: ap-northeast-1
efault output format [json]: yaml
S C:\Users\prost> _
```

　　若未顯示錯誤訊息, AWS CLI 的安裝就大功告成了。

(◉) 範例：使用 CloudFormation 建置 VPC 資源

　　接下來就可以使用 CloudFormation 服務來建置資源了！以下示範如何建置一個 4.1 節所介紹的 VPC。

建立範本檔案

　　首先在電腦中建立 CloudFormation 服務需要的範本檔 (mycf.yaml), 內容如下, ❶ 是在設定 VPC 的 CIDR 網路區塊, **②-1** 及 **②-2** 則是設定 VPC 的名稱：

▼ mycf.yaml 範本檔 (語法可至下載範例檔 附錄 B \ 附錄 B 指令 .txt 中複製)

```
AWSTemplateFormatVersion: 2010-09-09
Resources:
  VPC:
    Type: AWS::EC2::VPC
    Properties:
      CidrBlock: 10.1.0.0/16      ◄── ❶
      Tags:
        - Key: Name     ◄── ②-1
          Value: sample-vpc2    ◄── ②-2
```

請自行用記事本等工具將以上內容存成 mycf.yaml 檔案。

佈建資源

接著在 Powershell 中下 AWS CLI 指令, 透過 CloudFormation 執行此範本檔。我們可以用 **create-stack** 指令來建置新的雲端設施。請於範本檔所在路徑執行以下指令:

```
aws cloudformation create-stack --stack-name cfstack --template-body file://mycf.yaml
```

1 執行這行指令 (可至本書下載範例檔 附錄B \ 附錄 B 指令.txt 中複製)

2 mycf.yaml 記得放對位置, 本例是放在 "C:\Users\使用者名稱" 路徑底下

```
PS C:\Users\prost> aws cloudformation create-stack --stack-name
            cfstack --template-body file://mycf.yaml
StackId: arn:aws:cloudformation:ap-northeast-1:507609595241:
            stack/cfstack/9290f850-b725-11ec-8b56-0e94faf18f03
```

3 看到這行表示執行成功

若指令順利執行, 即可在 AWS 主控台上確認是否已佈建出 vpc2:

建立成功

修改範本檔案

再試試修改這個範本檔案, 將 10.5.2 節曾操作過的「啟用 VPC 的 DNS 主機名稱功能」改用指令執行。繼續在 mycf.yaml 中做以下修改:

▼ mycf.yaml 範本檔 (新增私有 DNS 之設定)
(語法可至下載範例檔 附錄 B \ 附錄 B 指令 .txt 中複製)

```
AWSTemplateFormatVersion: 2010-09-09
Resources:
  VPC:
    Type: AWS::EC2::VPC
    Properties:
      CidrBlock: 10.1.0.0/16
      EnableDnsHostnames: 'true'     ── 加入這兩行
      EnableDnsSupport: 'true'
      Tags:
        - Key: Name
          Value: sample-vpc2
```

更新資源

接著, 使用 AWS CLI 來更新範本檔, 這裡用的 "update-stack" 指令
可更新之前建立的雲端設施。請於範本檔所在路徑執行以下指令：

```
aws cloudformation update-stack --stack-name cfstack --template-
body file://mycf.yaml
```

1 執行 update-stack 指令 (可至本書下載範例檔 附錄B \ 附錄B指令.txt 中複製)

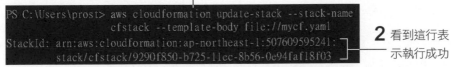

2 看到這行表
── 示執行成功

若指令順利執行, 即可在 AWS 主控台上確認 vpc2 的 DNS 設定是否
已變更為啟用：

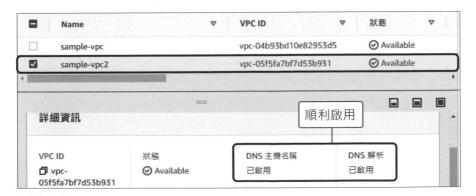

B-7

檢視自動上傳至雲端的範本檔內容

當我們執行 mycf.yaml 的內容後, 此內容也會自動儲存於 CloudFormation 服務中, 需要時就可以檢視內容:

1 在 AWS 網站以搜尋方式找到 CloudFormation 服務　　**2** 依序切換到 cfstack 項目

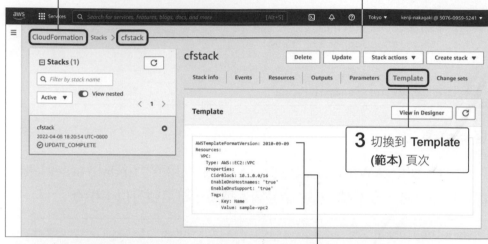

▲ 檢視範本檔內容　　**4** 雲端上會保存先前所執行過的範本內容

本書礙於篇幅無法針對 CloudFormation 做太多介紹, 有關 CloudFormation 範本檔的語法可以參考以下的 AWS 文件:

URL https://docs.aws.amazon.com/zh_tw/AWSCloudFormation/latest/
UserGuide/template-reference.html

刪除資源

最後我們示範使用 **delete-stack** 指令將 VPC2 資源刪除:

1 執行此指令

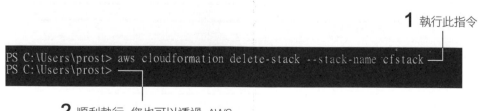

2 順利執行, 您也可以透過 AWS
主控台確認 VPC2 是否已刪除